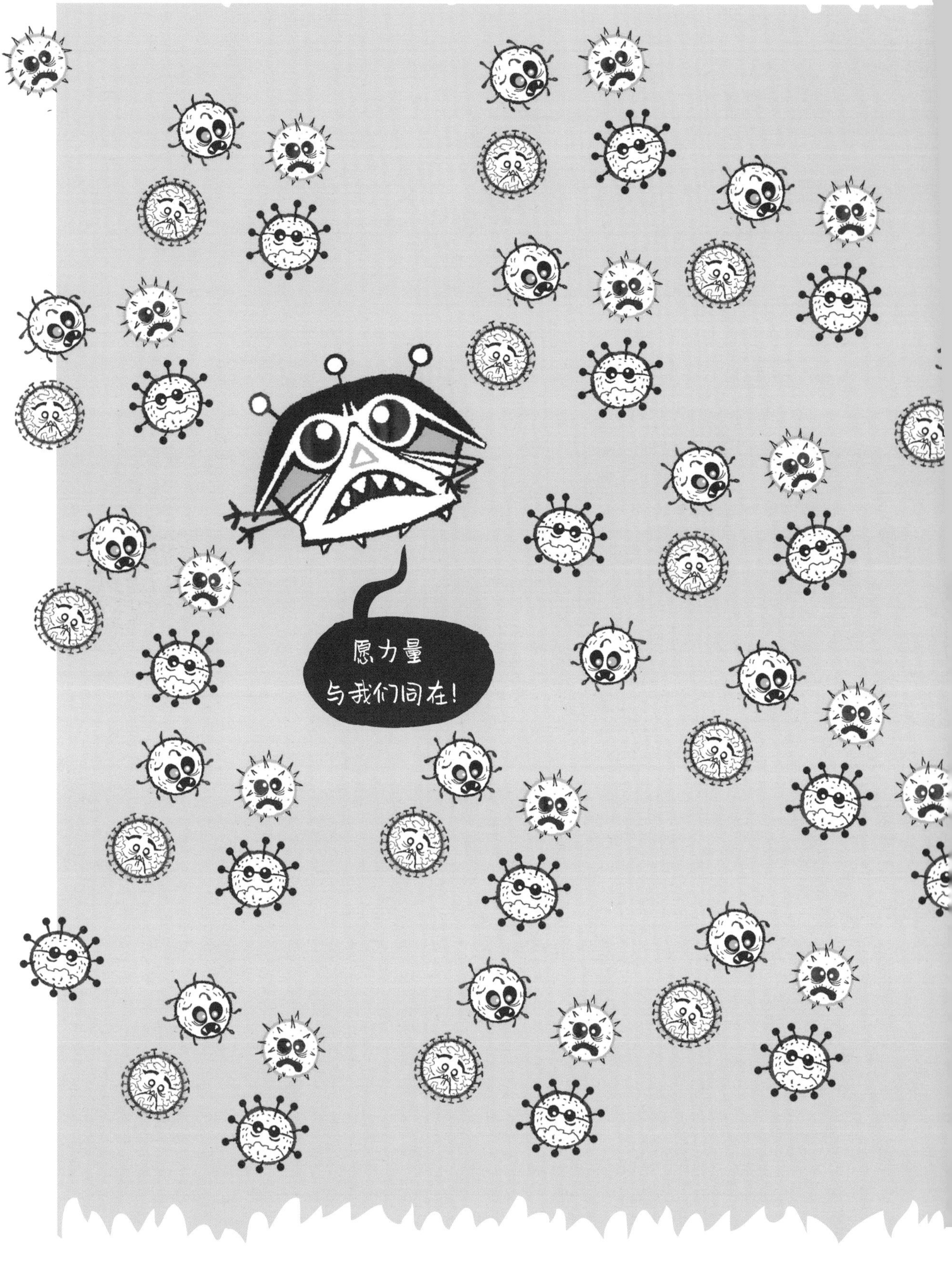
愿力量
与我们同在!

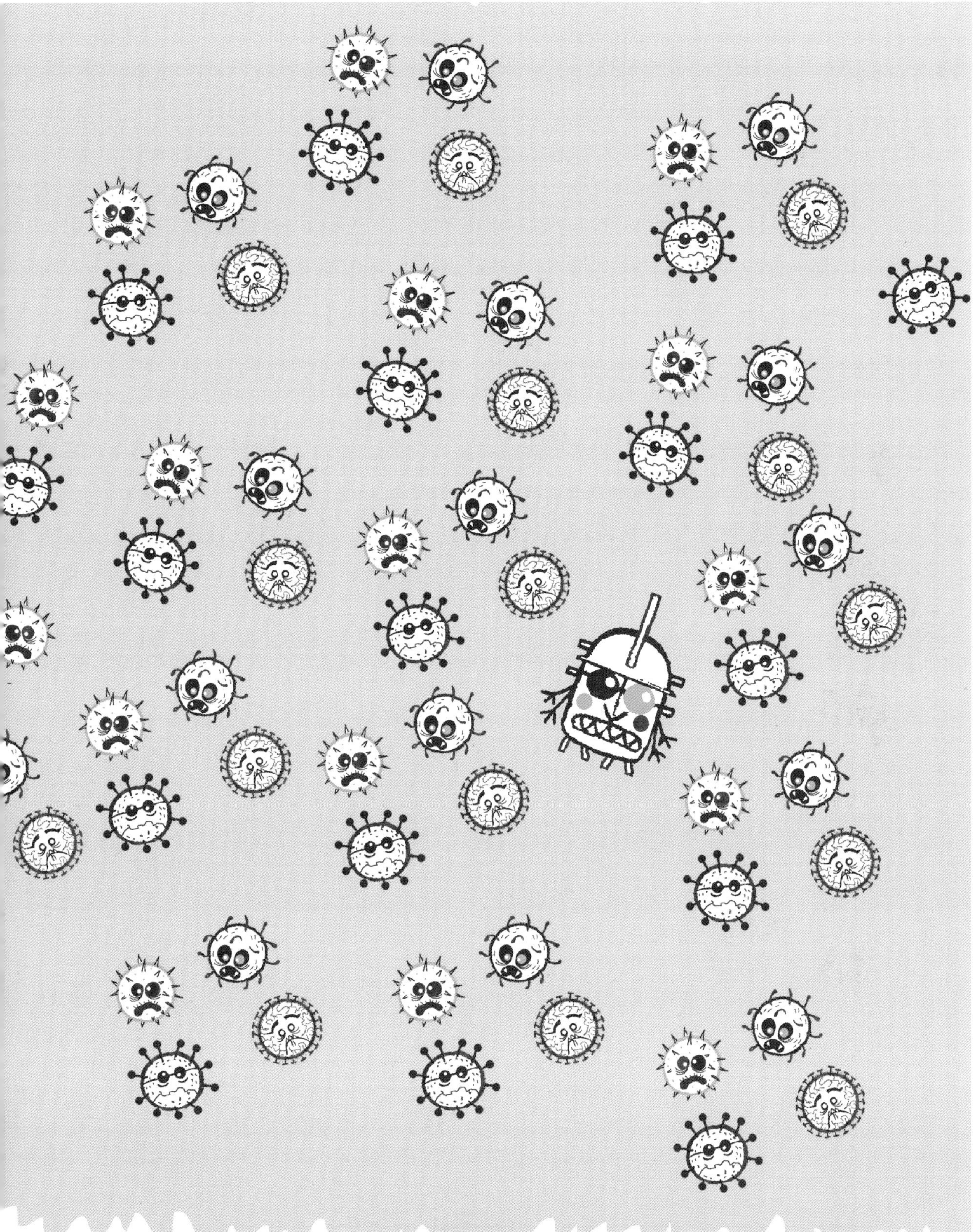

谨以此书献给总是对生活里的一些小东西感兴趣的米利奥、吕班和马哈特。

——克莱曼斯

谨以此书献给随时准备出发去探险的太空士兵马吕斯。

——阿丽亚娜

谨以此书“献”给定期在晚上让我呼吸困难的鼻病毒，你们给我小心点儿！

——公主H

版权贸易合同登记号 图字：01-2021-2362

图书在版编目（CIP）数据

嗨，你看见我了吗？. 超级超级小的微生物 / (法)阿丽亚娜·梅拉齐尼, (法) 克莱曼斯·萨巴格著 ; (法)公主H绘 ; 景韵润等译. -- 北京 : 电子工业出版社, 2022.1

ISBN 978-7-121-42182-2

Ⅰ. ①嗨… Ⅱ. ①阿… ②克… ③公… ④景… Ⅲ. ①微生物—儿童读物 Ⅳ. ①Q-49

中国版本图书馆CIP数据核字(2021)第204005号

责任编辑：张莉莉
印　　刷：天津海顺印业包装有限公司
装　　订：天津海顺印业包装有限公司
出版发行：电子工业出版社
　　　　　北京市海淀区万寿路173信箱　　邮编：100036
开　　本：787 × 1000　1/16　印张：14　字数：93.6千字
版　　次：2022年1月第1版
印　　次：2022年1月第1次印刷
定　　价：140.00元（全 4 册）

参与此书翻译的还有：马巍。

凡所购买电子工业出版社图书有缺损问题，请向购买书店调换。若书店售缺，请与本社发行部联系，联系及邮购电话：（010）88254888，88258888。

质量投诉请发邮件至zlts@phei.com.cn，盗版侵权举报请发邮件至dbqq@phei.com.cn。

本书咨询联系方式：（010）88254164转1835，zhanglili@phei.com.cn。

超级超级小的微生物

嗨，你看见我了吗？

[法]阿丽亚娜·梅拉齐尼　[法]克莱曼斯·萨巴格　著

[法]公主H　绘　景韵润　等译

電子工業出版社
Publishing House of Electronics Industry
北京·BEIJING

人们用肉眼看不到微生物，

但它们比天上的星星还多。

它们已经在地球上

生活了35亿年，

今天，微生物们想邀请你

一起去探险！

微生物

欢迎来到微生物的神奇世界！

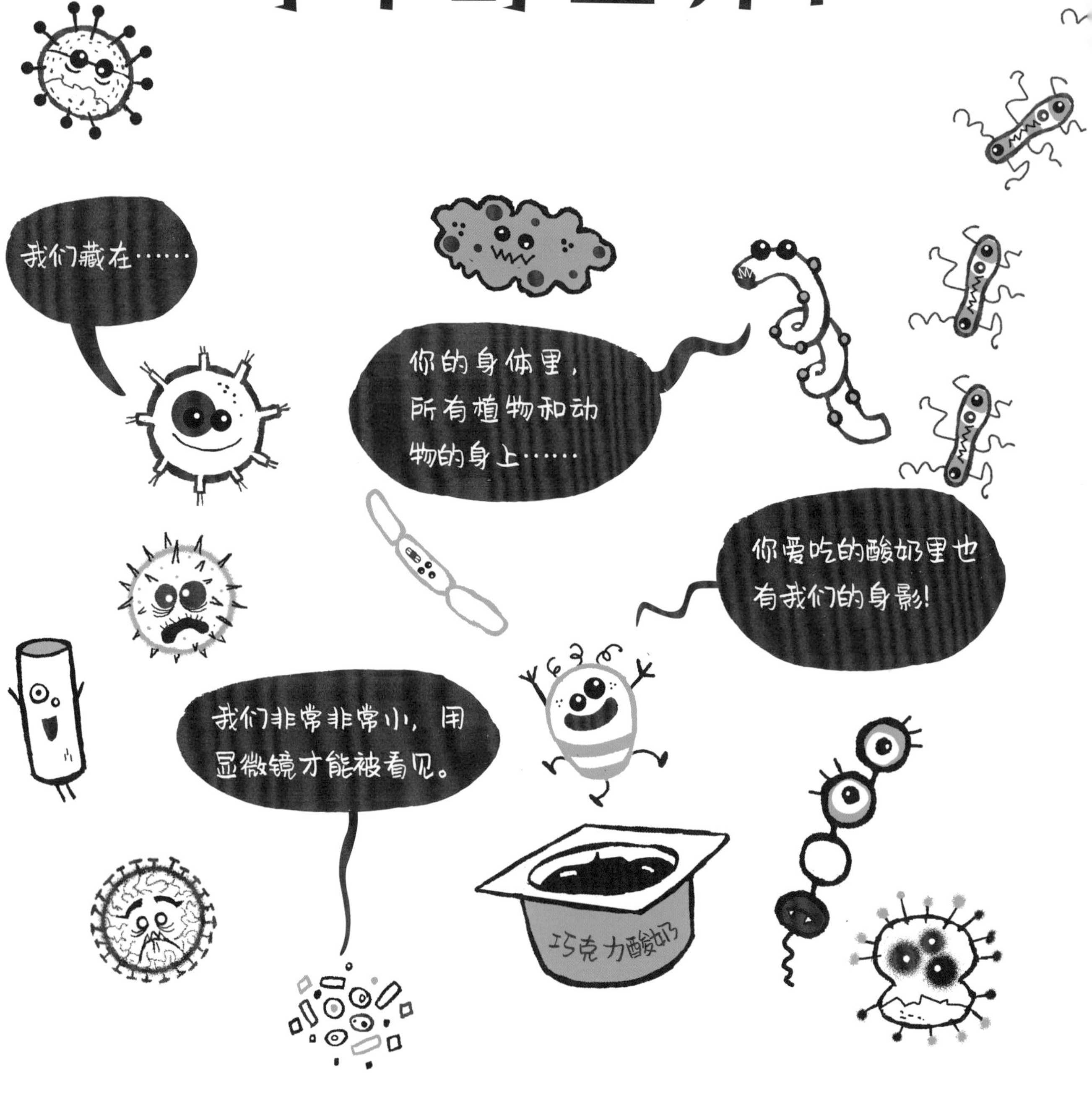

但我们
无处不在！
没有我们，生活就无法继续了……

微生物大军

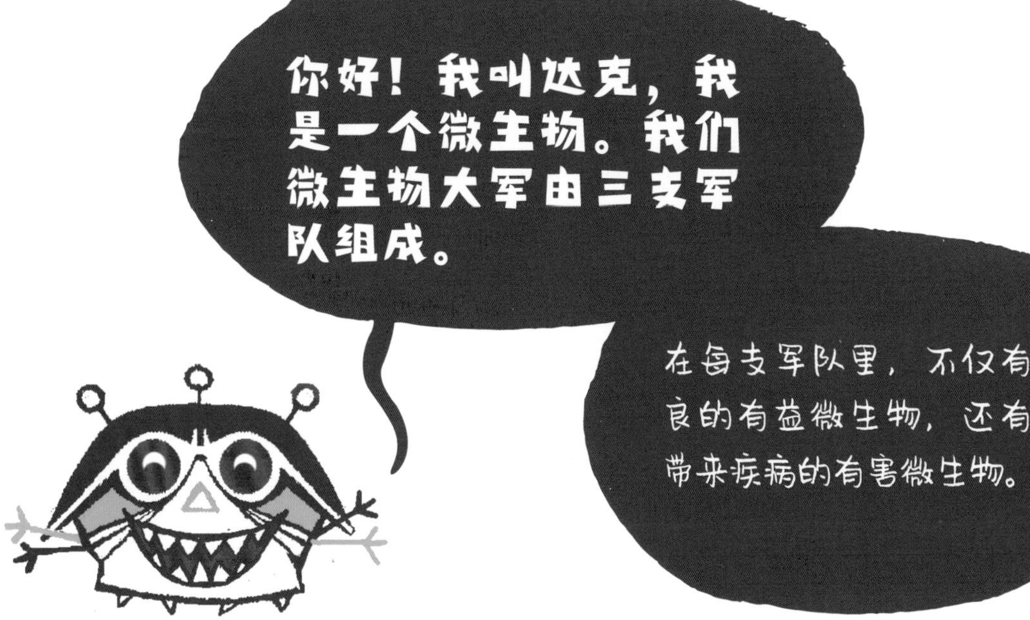
你好！我叫达克，我是一个微生物。我们微生物大军由三支军队组成。
在每支军队里，不仅有善良的有益微生物，还有会带来疾病的有害微生物。

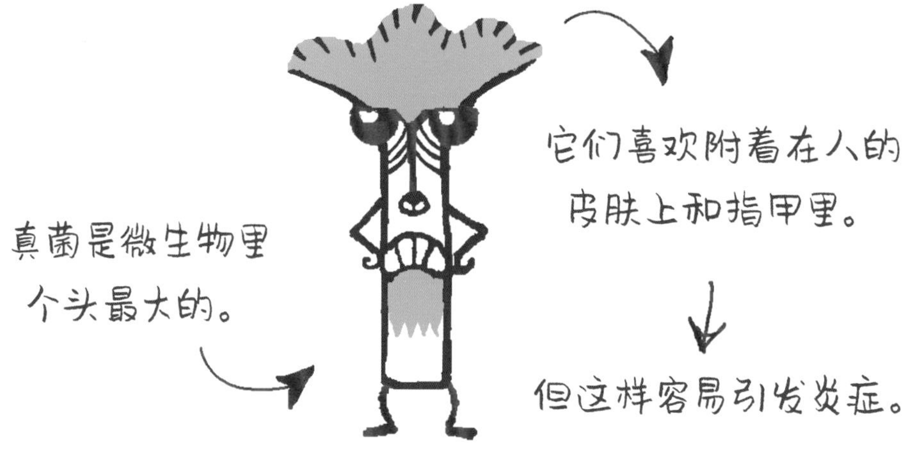
真菌是微生物里个头最大的。
它们喜欢附着在人的皮肤上和指甲里。
但这样容易引发炎症。

让-帕特里克
真菌司令

玛丽
细菌司令

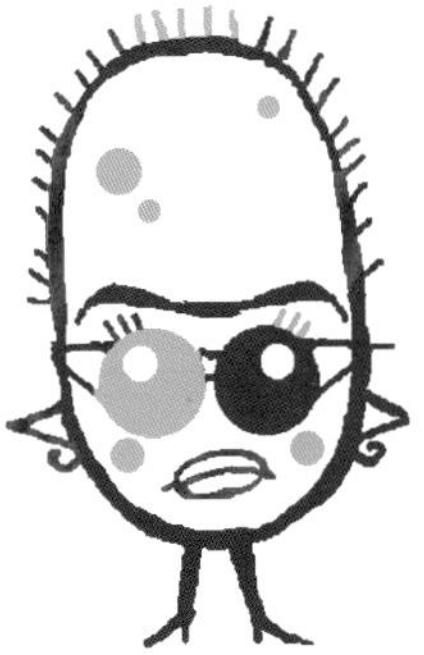

一支强大的防护军队。

繁殖速度超级快。

人体内有上亿个细菌。

鲍里斯
病毒司令

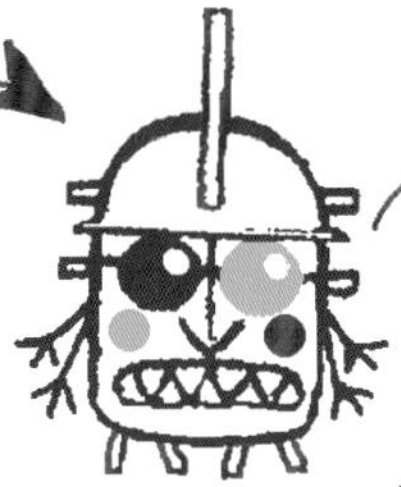

病毒是最小的微生物。

它们大多非常危险。

喜欢在人体细胞内通过自我复制不断增殖。

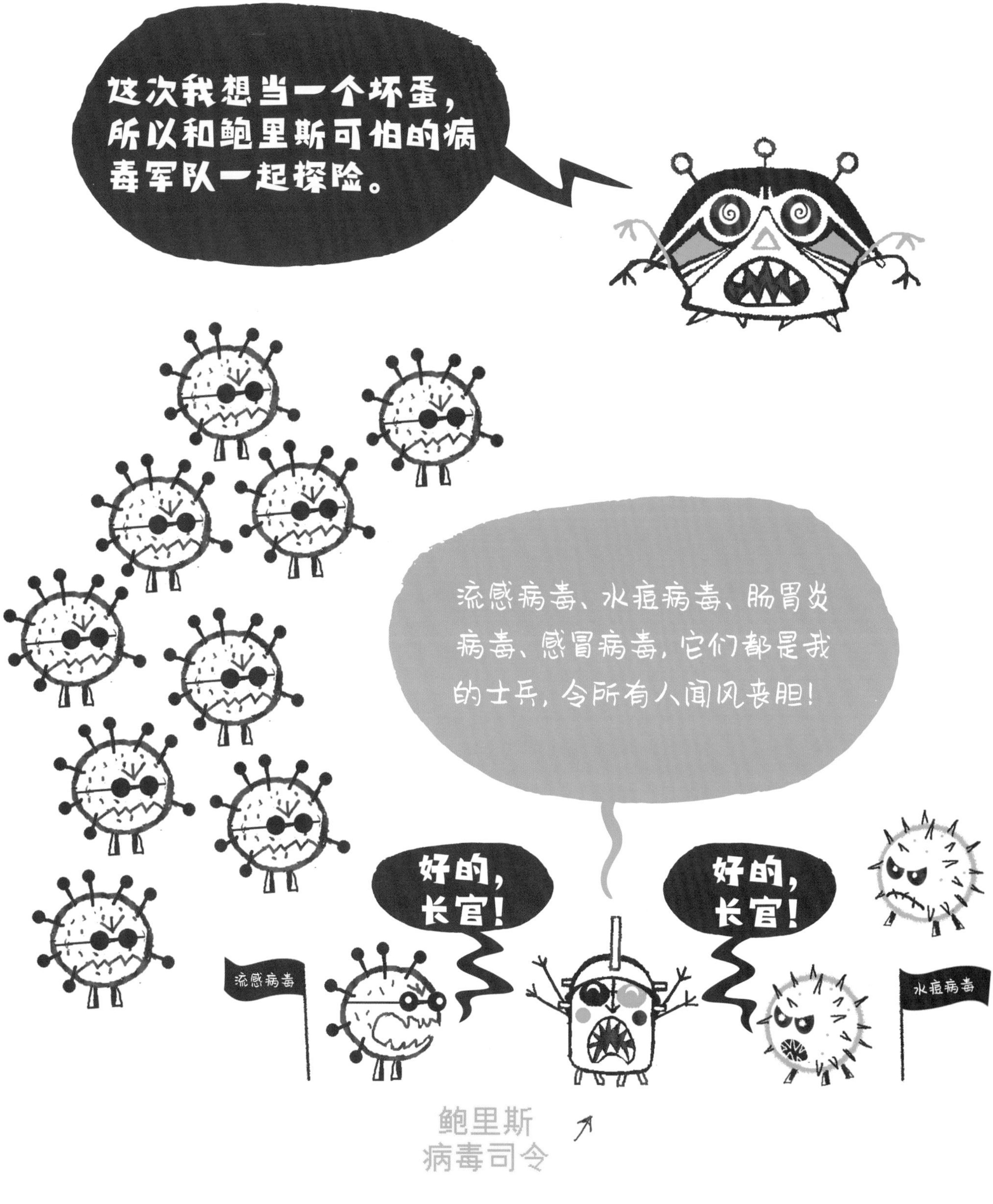
这次我想当一个坏蛋，所以和鲍里斯可怕的病毒军队一起探险。
流感病毒、水痘病毒、肠胃炎病毒、感冒病毒，它们都是我的士兵，令所有人闻风丧胆！
好的，长官！
好的，长官！
流感病毒
水痘病毒
鲍里斯
病毒司令

感冒病毒
肠胃炎病毒
不过千万别忘了让-帕特里克这个坏家伙！
在这本书里，你们先和病毒一起去探险吧！
玛丽，我们去这本书后面的内容那里玩！
我要让这本书发霉！

病毒入侵

是时候展现你们的破坏能力了，病毒们，立正！
3——2——1，释放病毒，冲啊！
看到鼻孔了！准备降落。
感冒病毒
感冒病毒
感冒病毒
感冒病毒
感冒病毒
感冒病毒
感冒病毒
感冒病毒

记住你们的目标：
嘴巴、鼻子和皮肤！
准备瞄准喉咙和肺。
皮肤登陆完成。
流感病毒
水痘病毒

感染任务

我们胜利啦！他的手已经被我们攻占啦，过一会儿，我们就会跑到他的朋友手上去。
小心哦，只要一碰到我，他很快就会被感染了。
5000滴飞沫正以每小时150千米的速度传播着——感染任务成功！
还有这里！

“感冒”行动
这场行动
在这里展开。
病毒军队正在鼻子里!
下一步:
进入构成你身体的数十亿个细胞中的一个。
感冒病毒
感冒病毒
感冒病毒
感冒病毒
感冒病毒
感冒病毒
感冒病毒

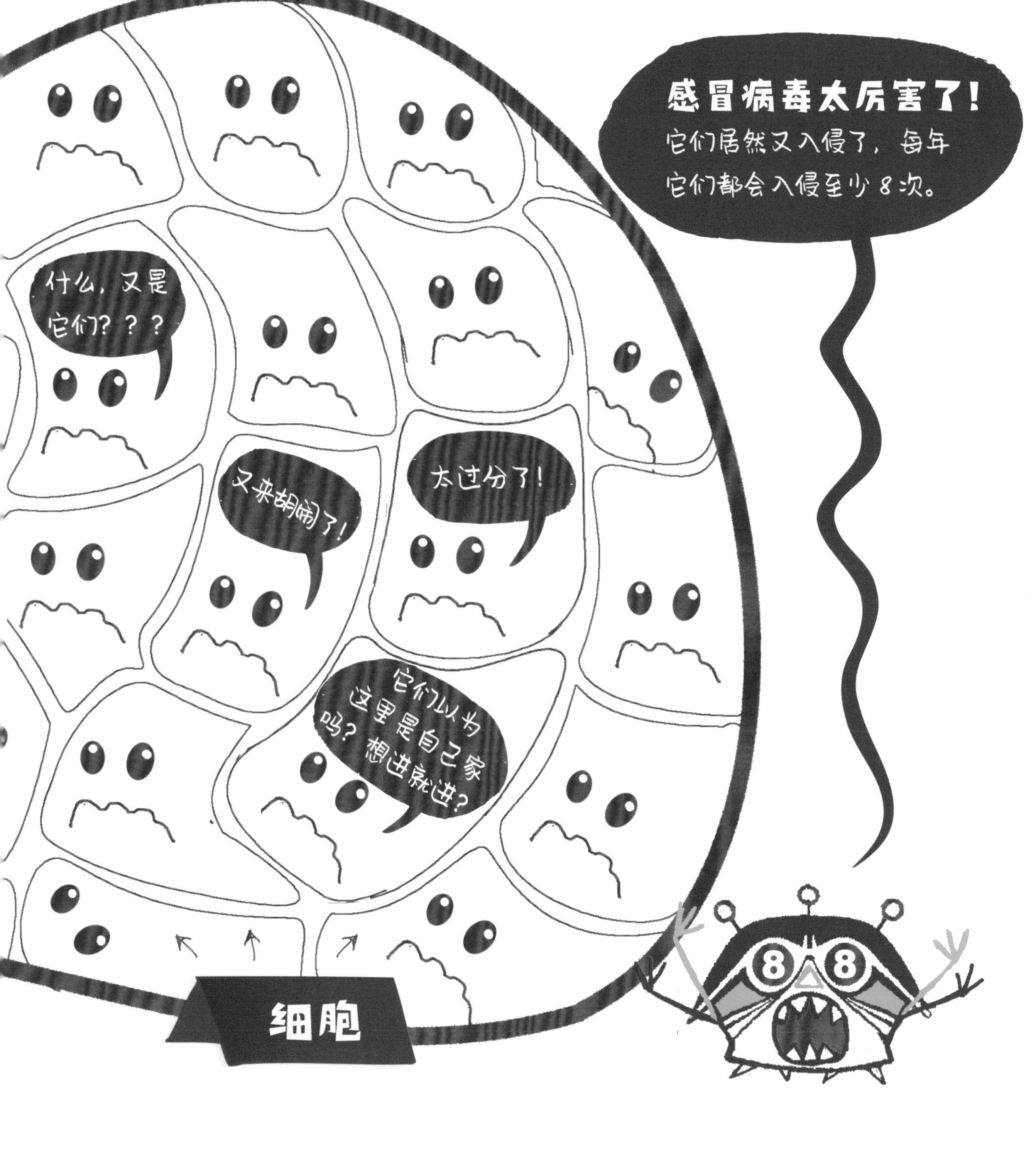
感冒病毒太厉害了！
它们居然又入侵了，每年
它们都会入侵至少 8 次。
什么，又是
它们？？？
又来胡闹了！
太过分了！
它们以为
这里是自己家
吗？想进就进？
细胞

攻占细胞

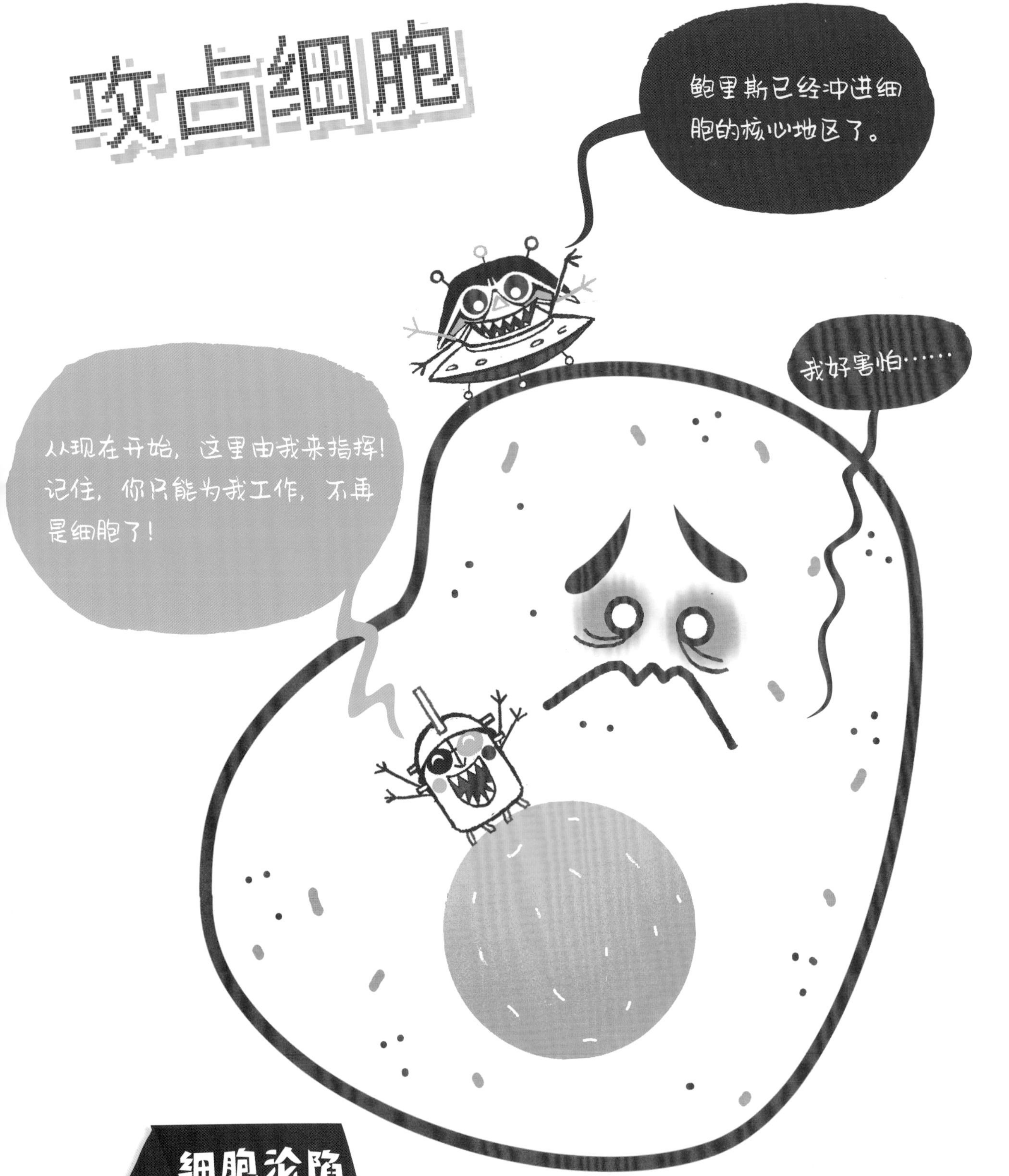

细胞沦陷

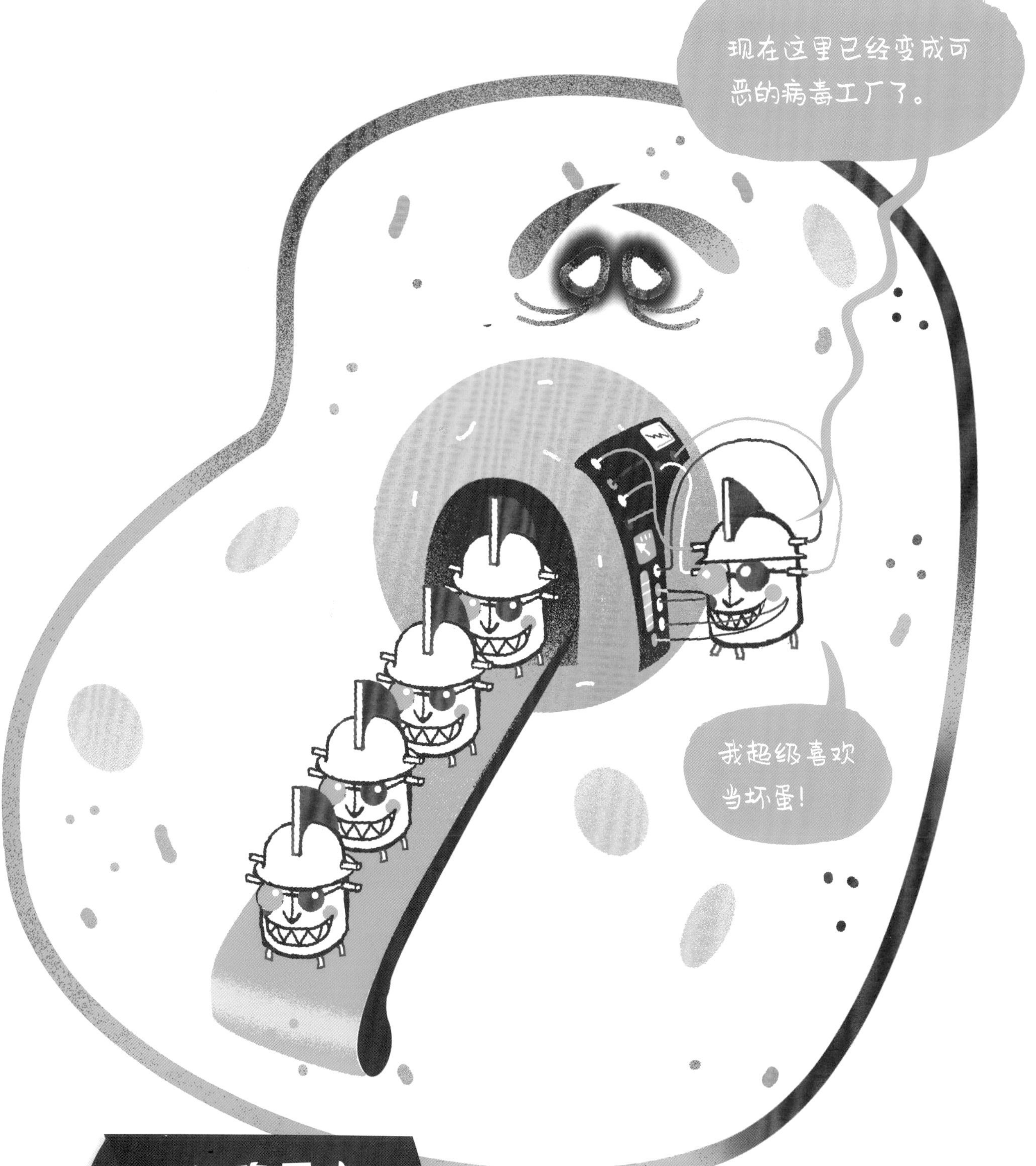

细胞死亡

继续入侵

进攻！冲啊啊啊啊啊啊啊！
一个又一个细胞破碎了！我们在不停地攻击细胞，然后通过自我复制进行增殖。
碎！

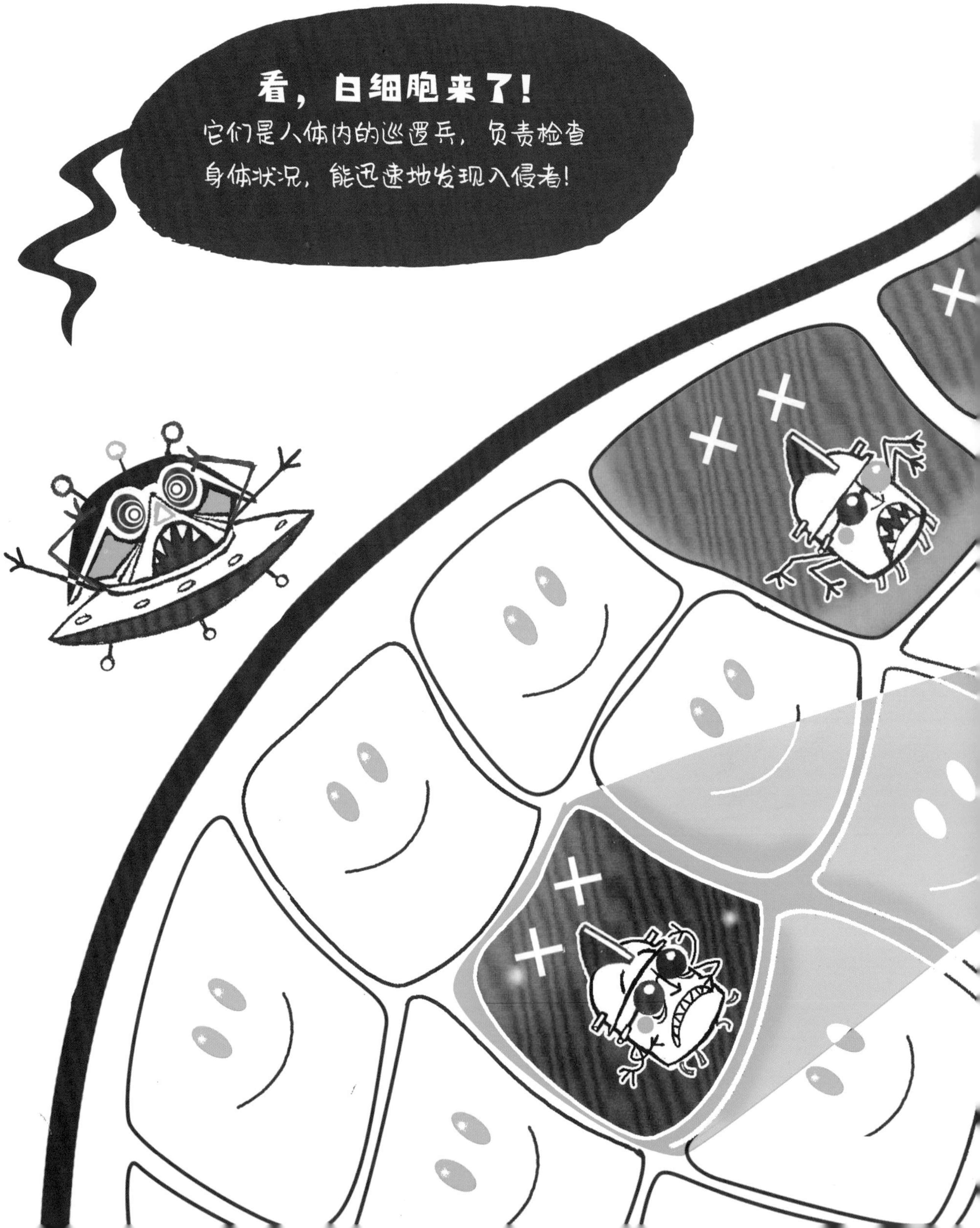
看，白细胞来了！
它们是人体内的巡逻兵，负责检查身体状况，能迅速地发现入侵者！

警报！警报！
病毒正在入侵！
警报！大部队集合！

免疫防护

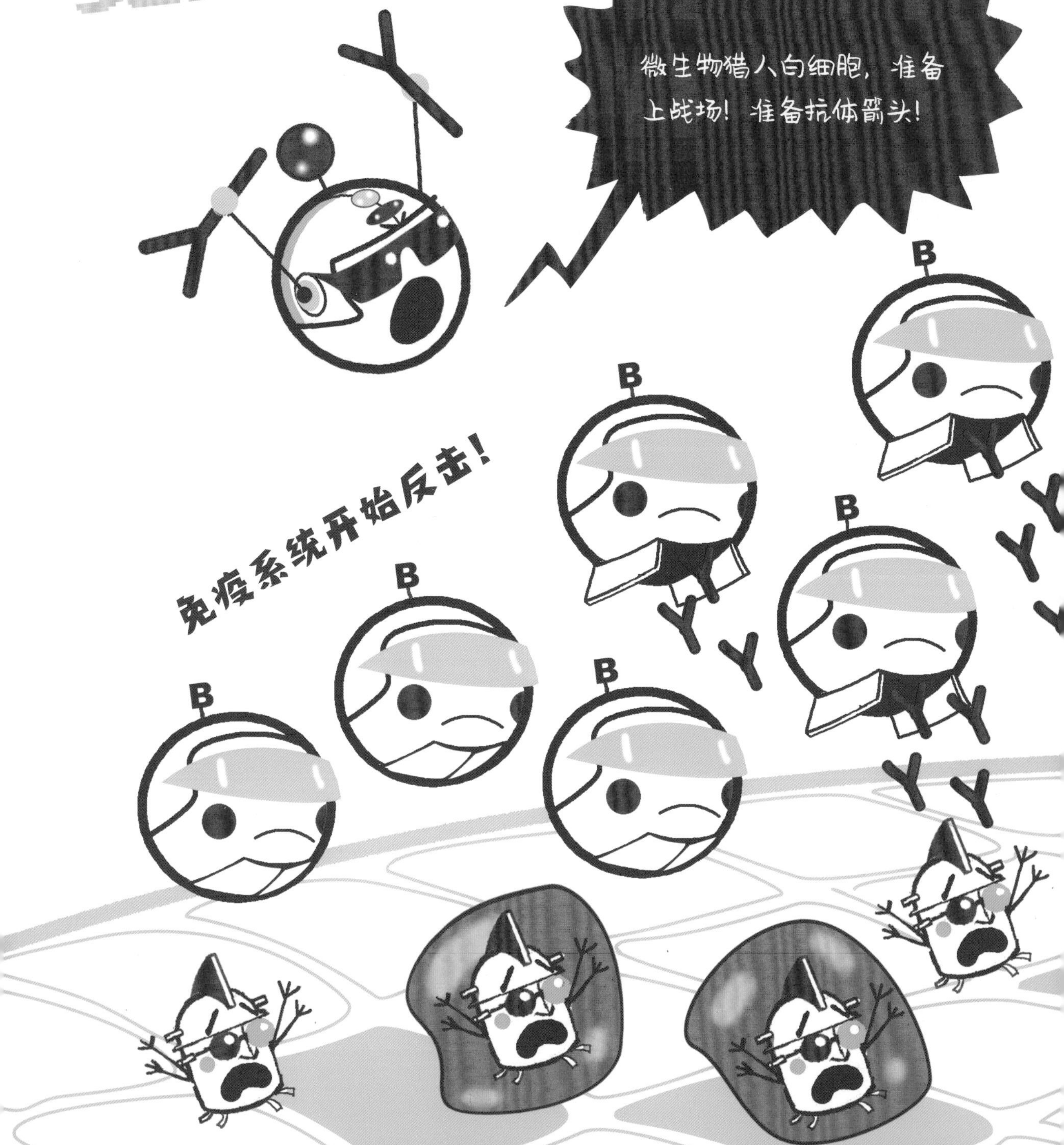

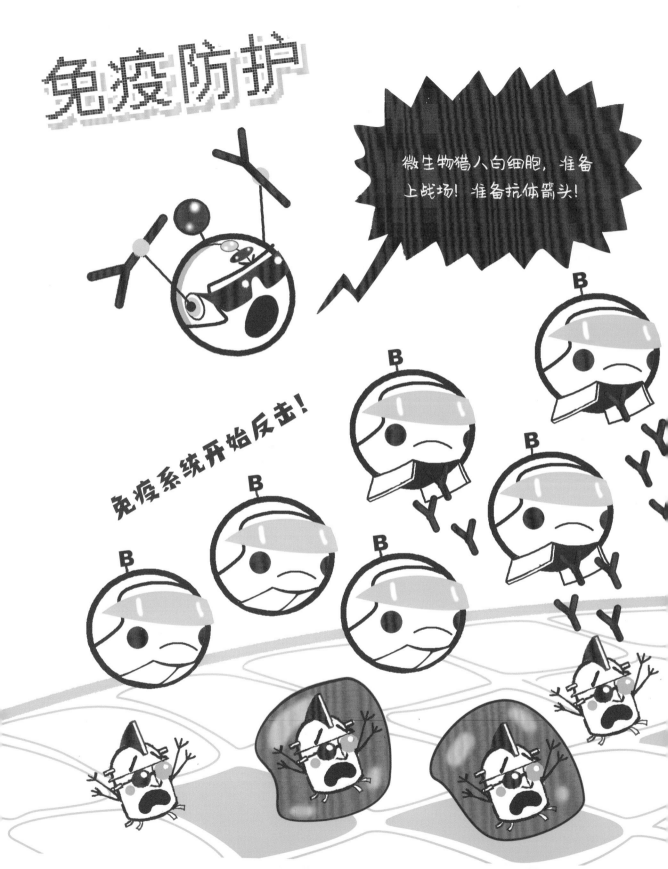

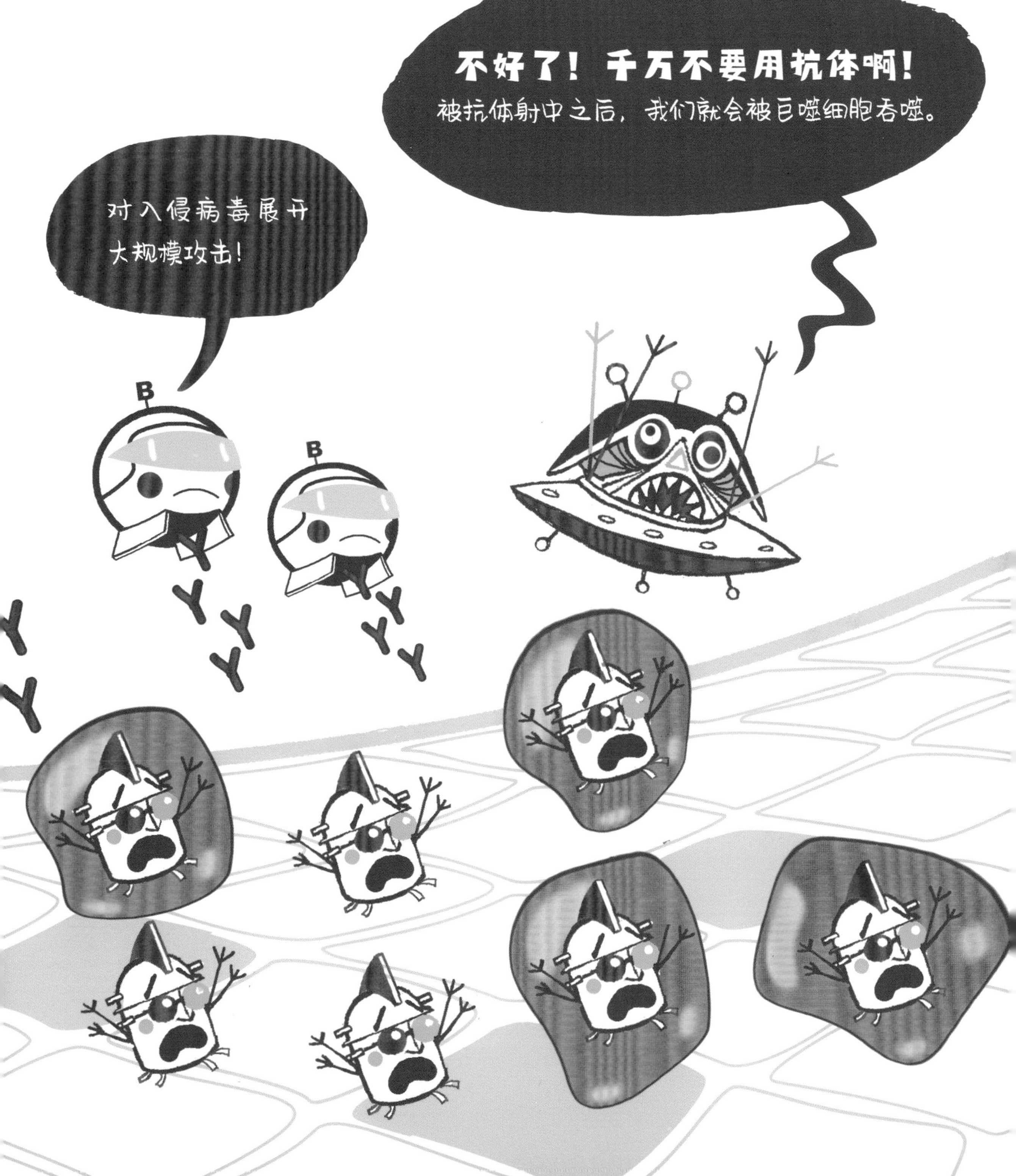
不好了！千万不要用抗体啊！
被抗体射中之后，我们就会被巨噬细胞吞噬。
对入侵病毒展开
大规模攻击！
B
B

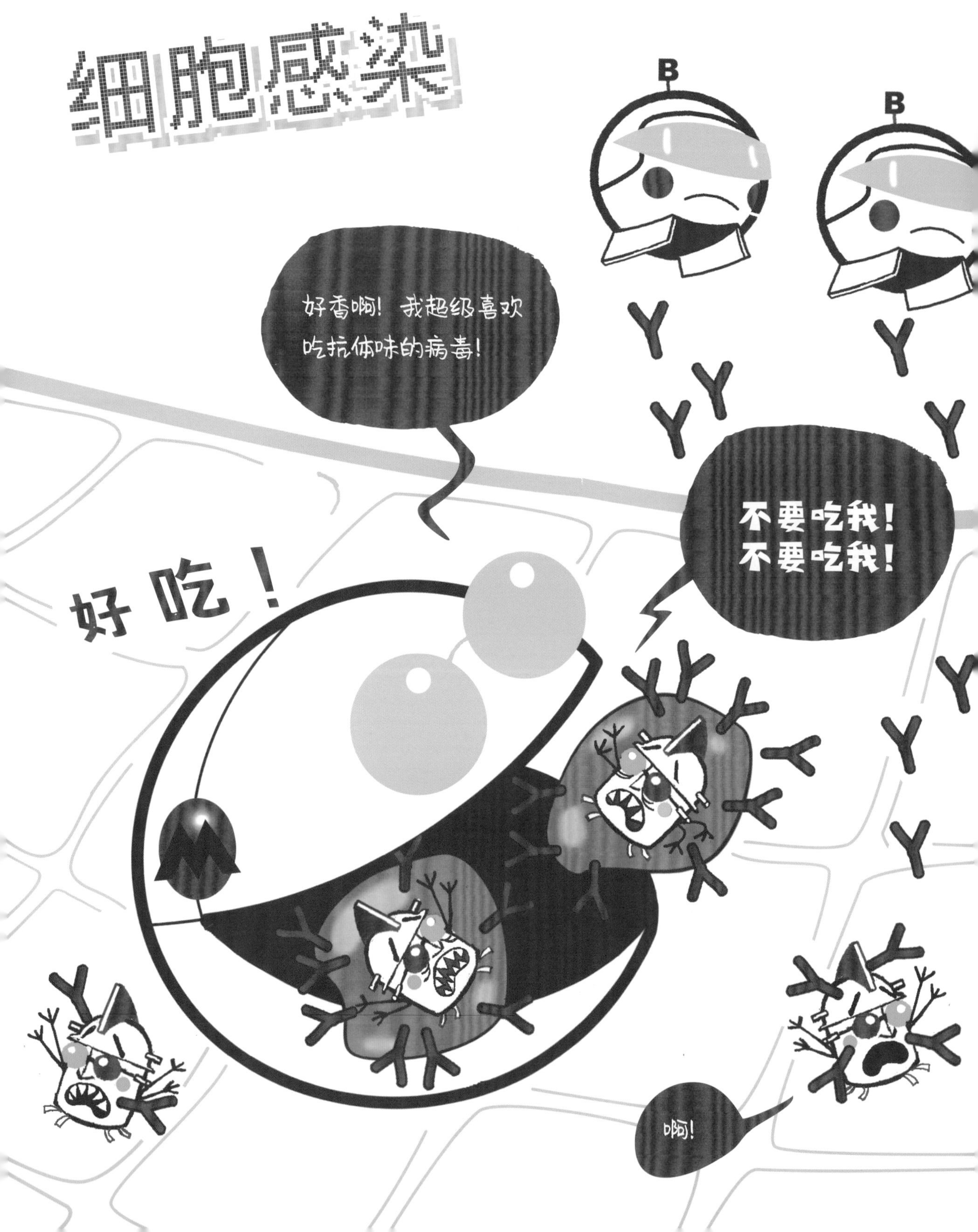
细胞感染
B
B
好香啊！我超级喜欢
吃抗体味的病毒！
不要吃我！
不要吃我！
好吃！
啊！

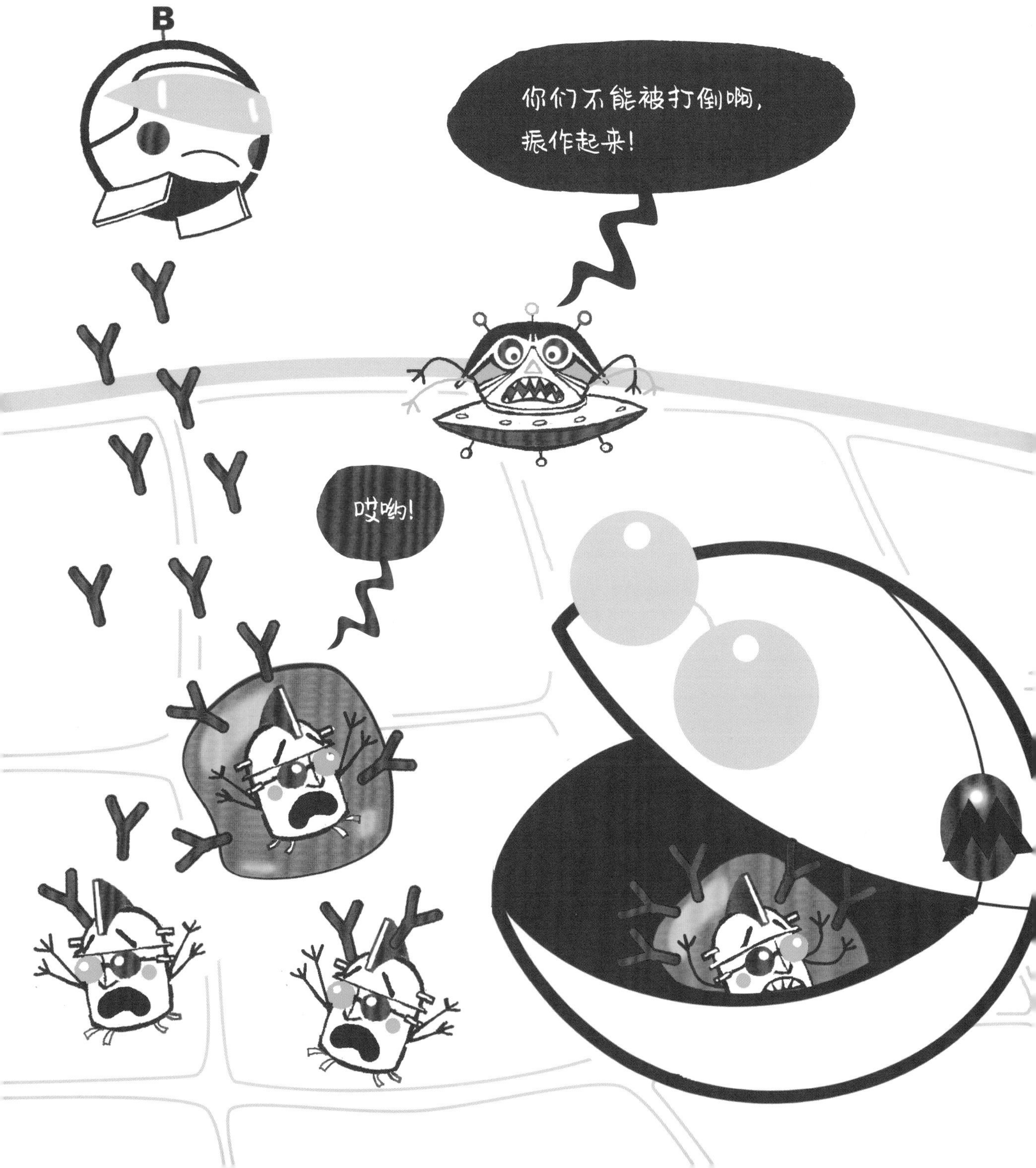
B
你们不能被打倒啊，
振作起来！
哎哟！

与此同时……

机体防御开启

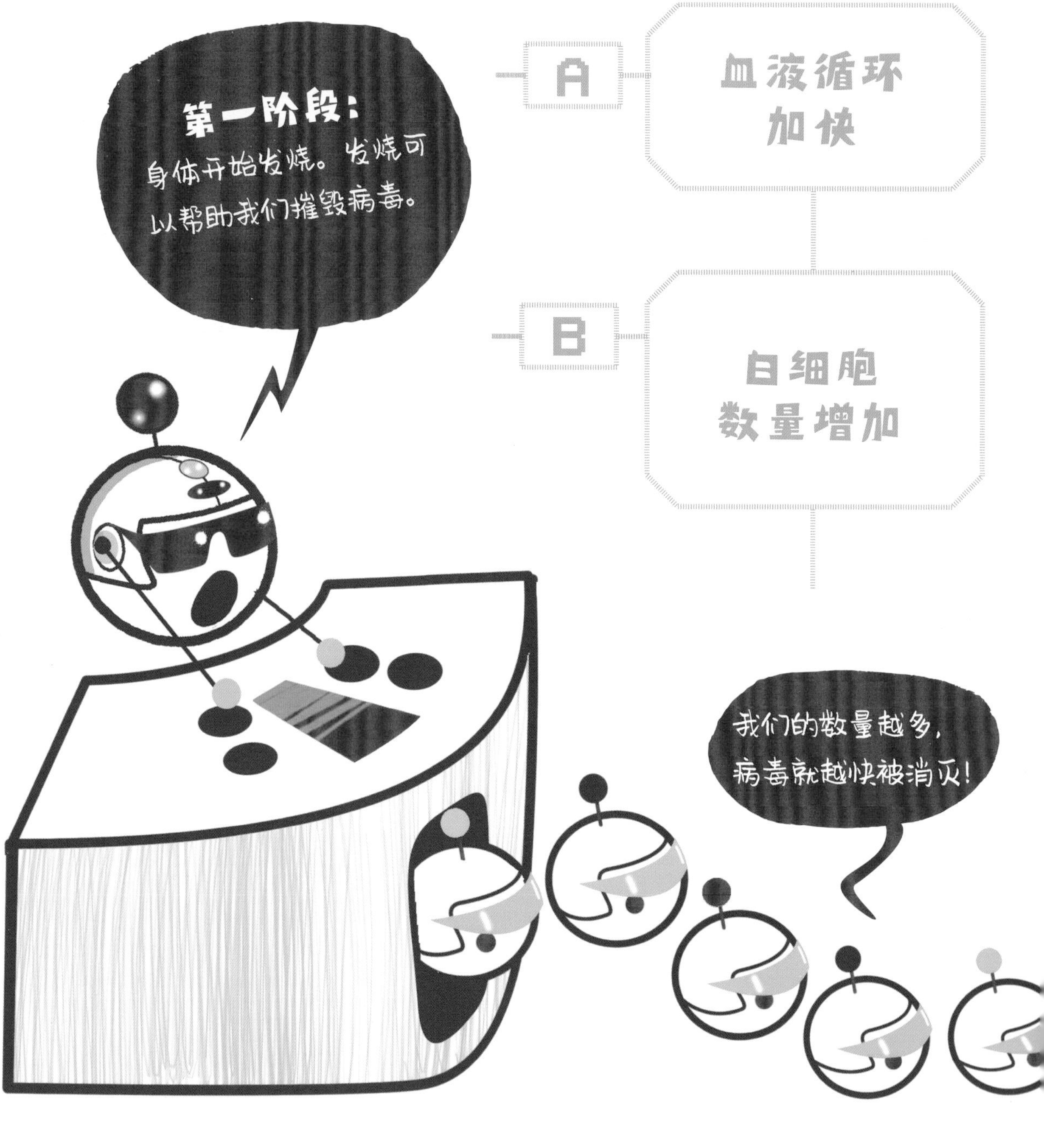
第一阶段：
身体开始发烧。发烧可以帮助我们摧毁病毒。
A
血液循环加快
B
白细胞数量增加
我们的数量越多，病毒就越快被消灭！

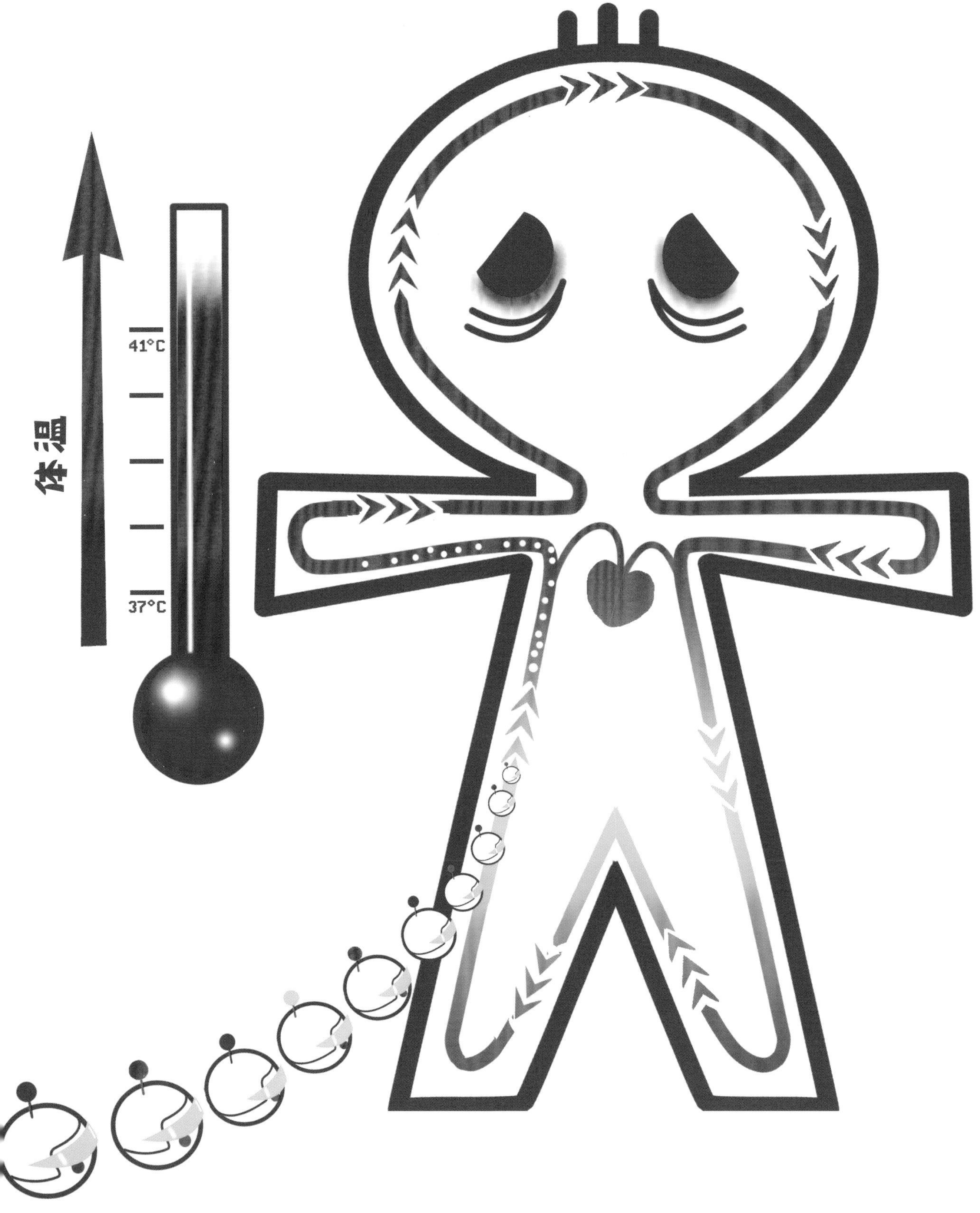
体温
41°C
37°C

C
鼻子受到了刺激，
想打喷嚏！
阿阿阿阿阿……

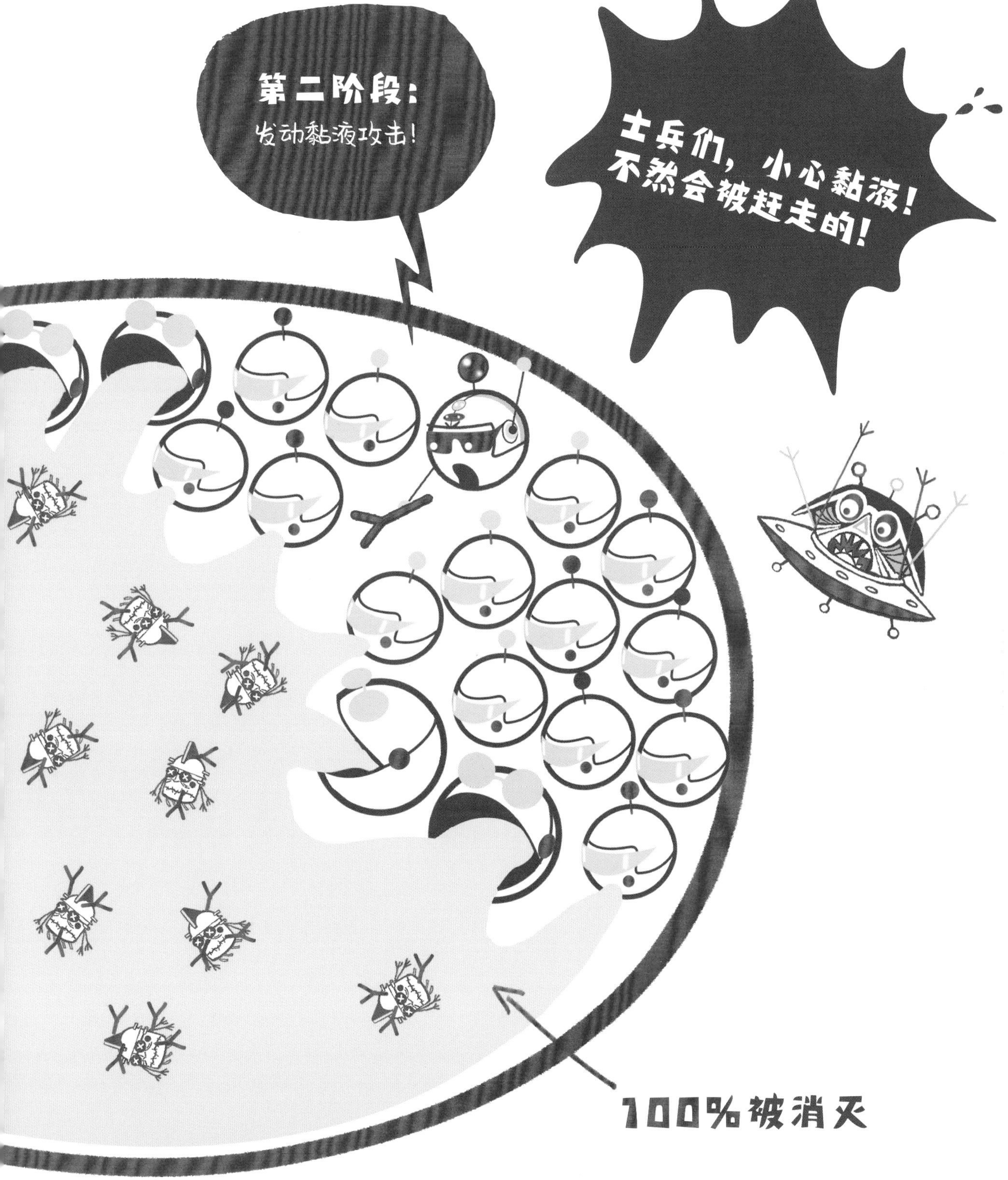
第二阶段：
发动黏液攻击！
士兵们，小心黏液！
不然会被赶走的！
100%被消灭

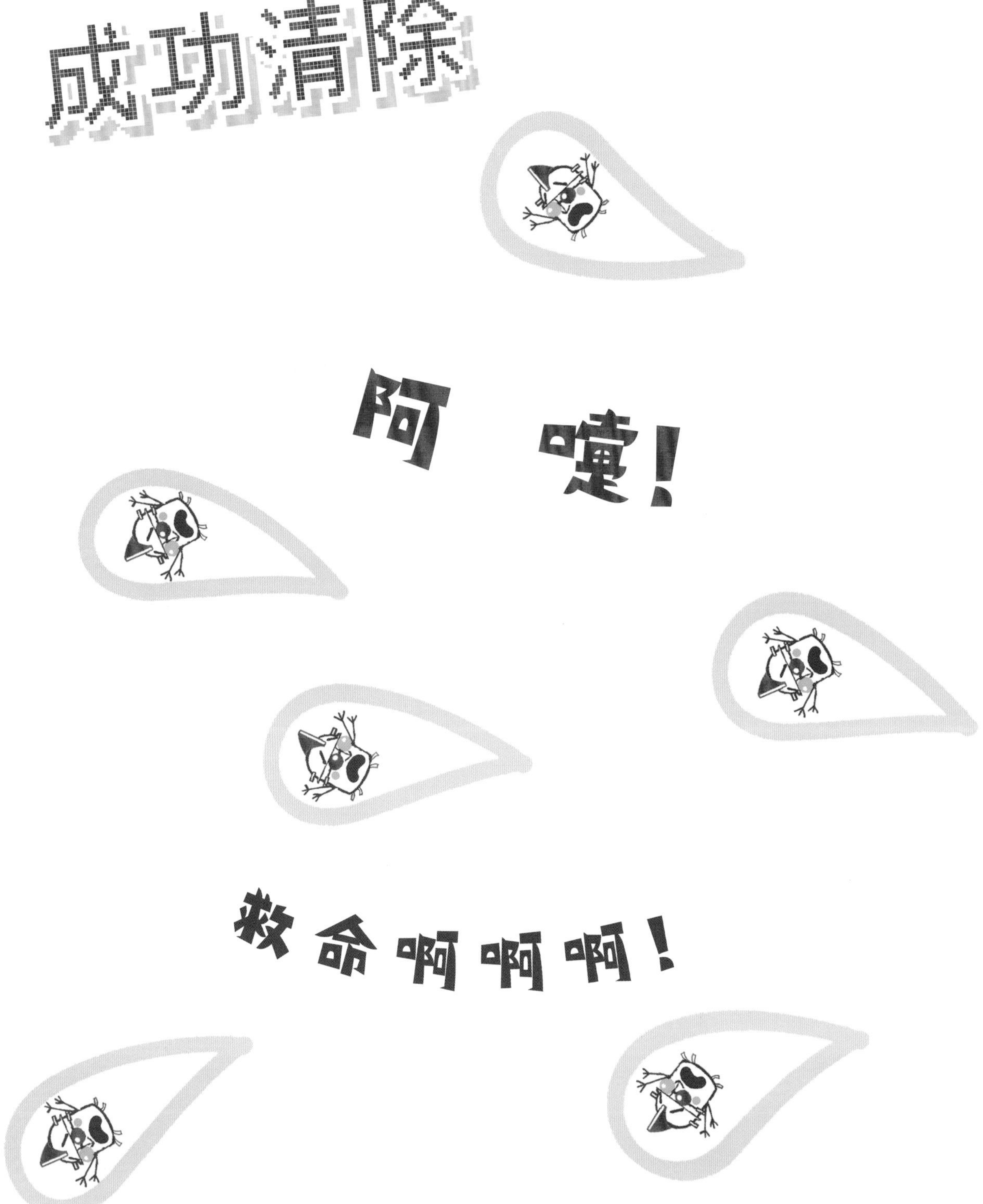
成功清除
阿 嚏!
救命啊啊啊!

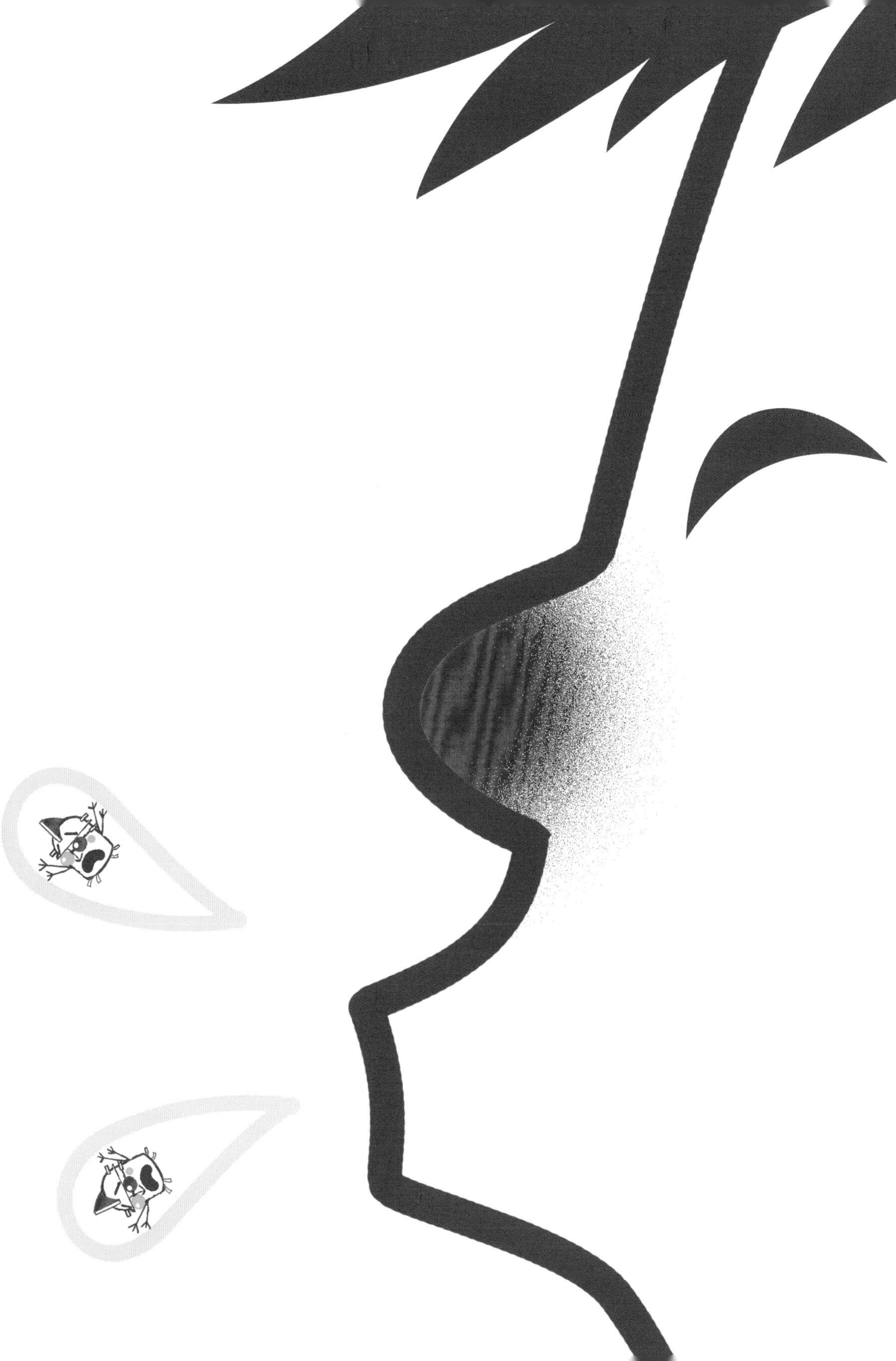

所有的症状都消失了……
病毒在8天内被击败！这是白细胞的又一次伟大胜利！

游

结

戏
束
哎哟！
我们还会回来的！

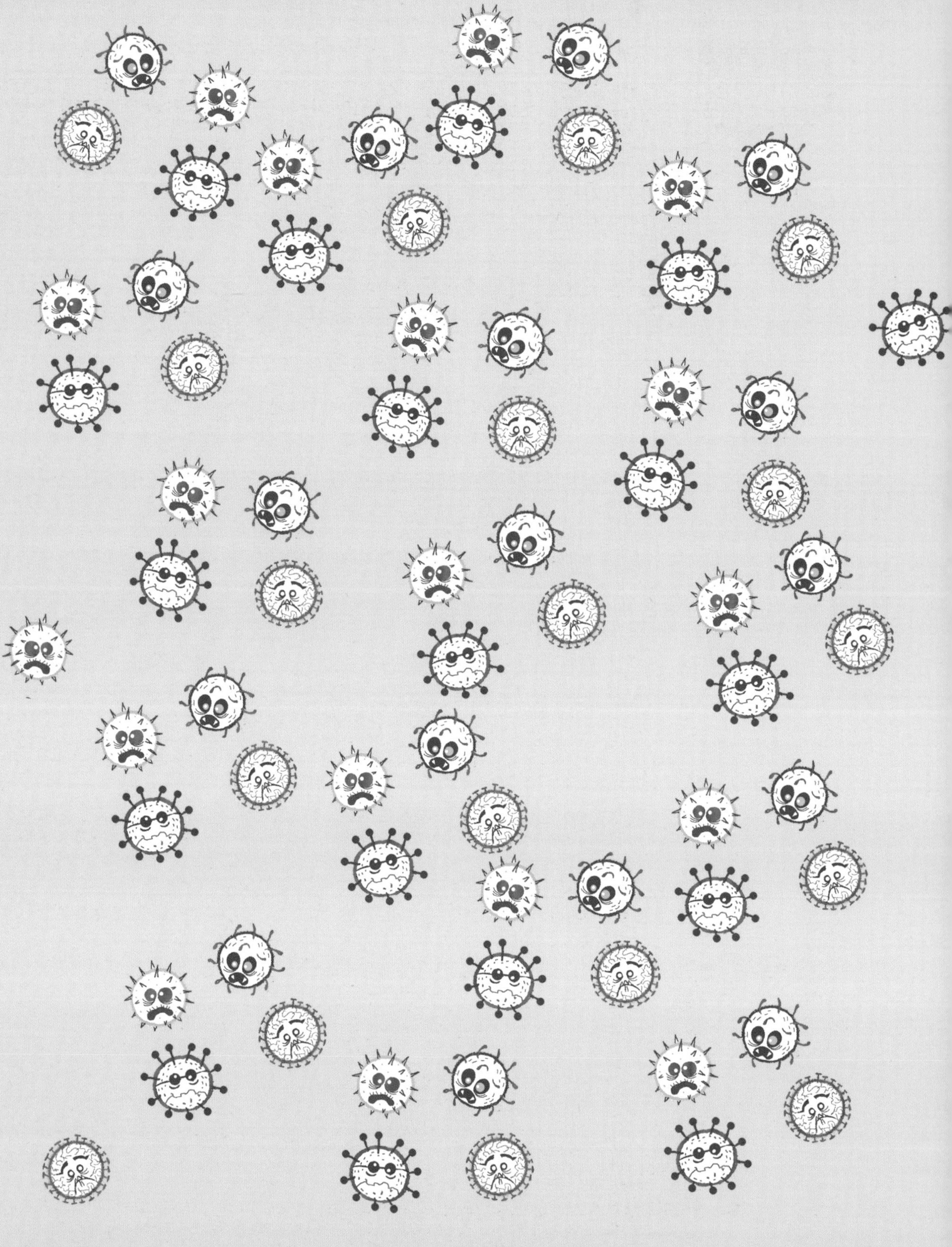

来玩吧

这里有更多和微生物相关的知识、游戏和趣味活动在等着你！

病毒

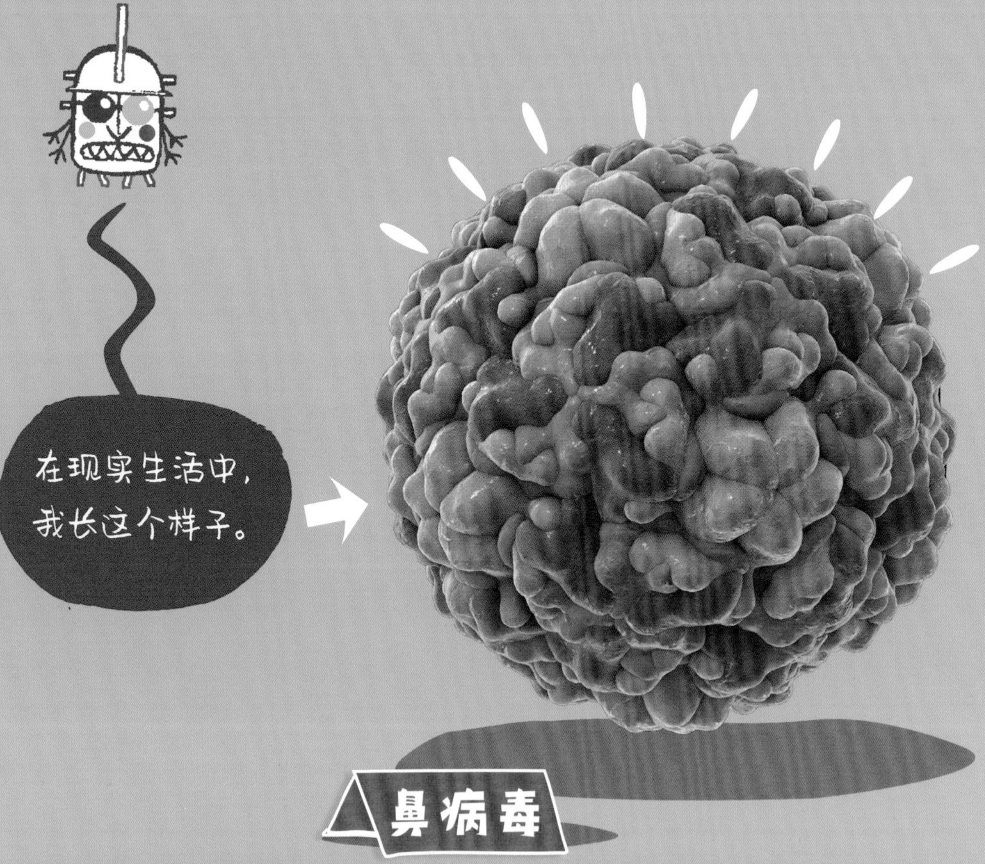
在现实生活中，
我长这个样子。
鼻病毒

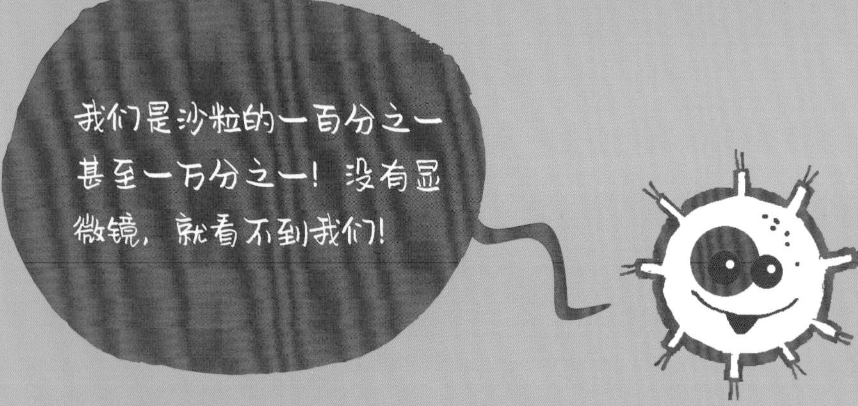
我们是沙粒的一百分之一
甚至一万分之一！没有显
微镜，就看不到我们！

在拉丁语中，“病毒”这个词语的含义是毒药。

病毒存在于生物世界和非生物世界的边界地带。当它在细胞内部自我复制进行增殖时，就成为生物。当它在细胞外时，就成为一种没有生命的物质。它不能自行增殖，所以必须依靠寄生来生存！

引发感冒的病毒足足有**200种**！鼻病毒只是其中之一。

生物病毒VS计算机病毒

在20世纪80年代，一位美国计算机科学家发现了一种能够在计算机上传播的程序，并决定叫它“计算机病毒”，它和我们今天讲的微生物病毒完全不同！

计算机病毒和鲍里斯一样需要寄生，但它寄生在计算机程序上，快速地自我复制，利用程序来执行任务。
干得漂亮，兄弟！

终于有人对我们感兴趣了！
我们一定要解除人们的误解，微生物≠疾病。
微生物新闻
独家！
微生物
人类生存不可或缺！
人们的肠道里有几千亿个细菌！
帮助人们提高免疫力。
帮助人们消化食物。
抑制有害微生物的生长。
让-帕特里克，我告诉你，真正的英雄是我和罗克福尔青霉菌！

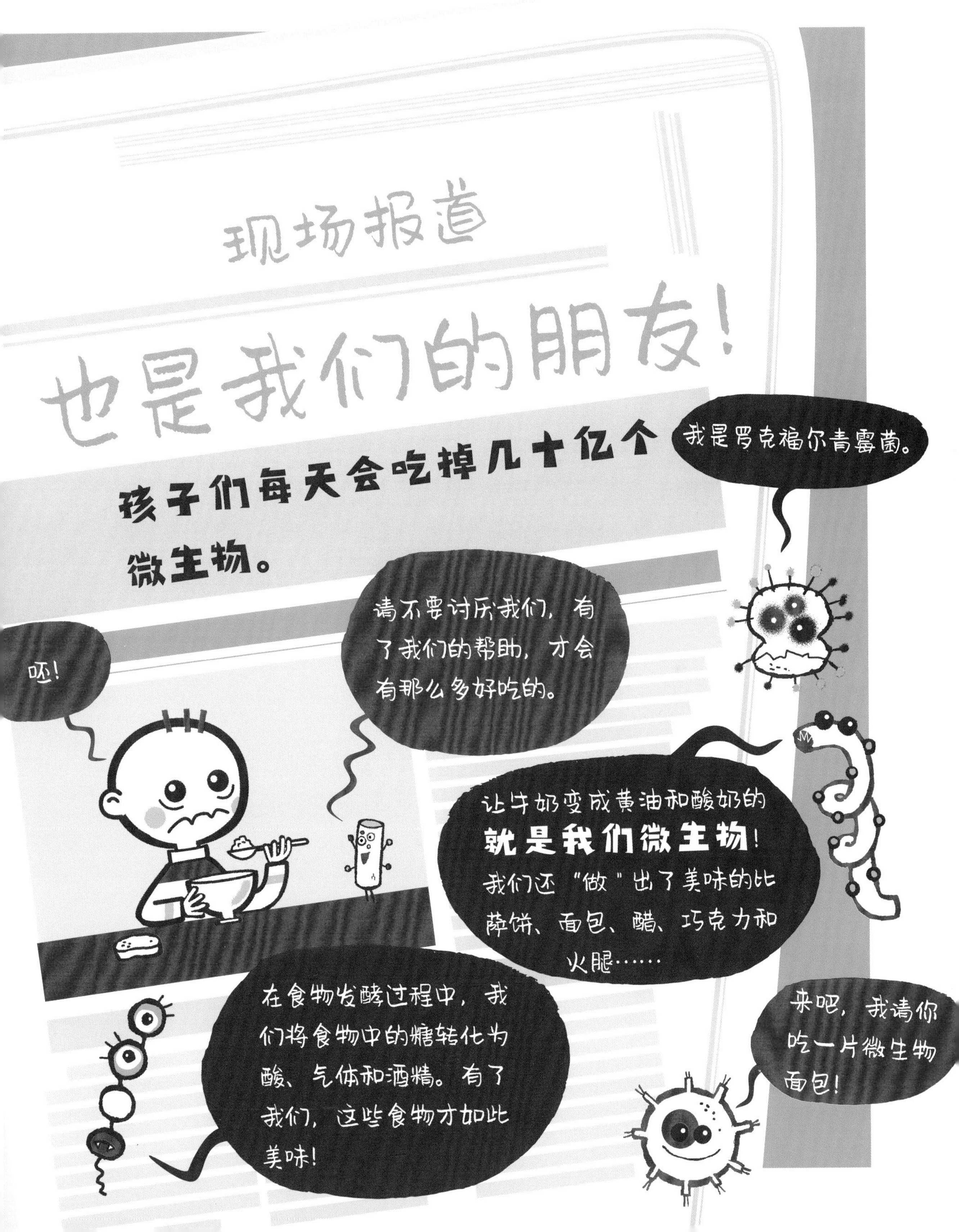
现场报道
也是我们的朋友!
孩子们每天会吃掉几十亿个微生物。
我是罗克福尔青霉菌。
呸!
请不要讨厌我们，有了我们的帮助，才会有那么多好吃的。
让牛奶变成黄油和酸奶的**就是我们微生物**!我们还“做”出了美味的比萨饼、面包、醋、巧克力和火腿……
在食物发酵过程中，我们将食物中的糖转化为酸、气体和酒精。有了我们，这些食物才加此美味!
来吧，我请你吃一片微生物面包!

微生物纪录

800万

这是身体每分钟产生的白细胞数量。它们是我们身体里非常厉害的武器！

一个成年人体内有100万亿个细菌和300多万亿个病毒！

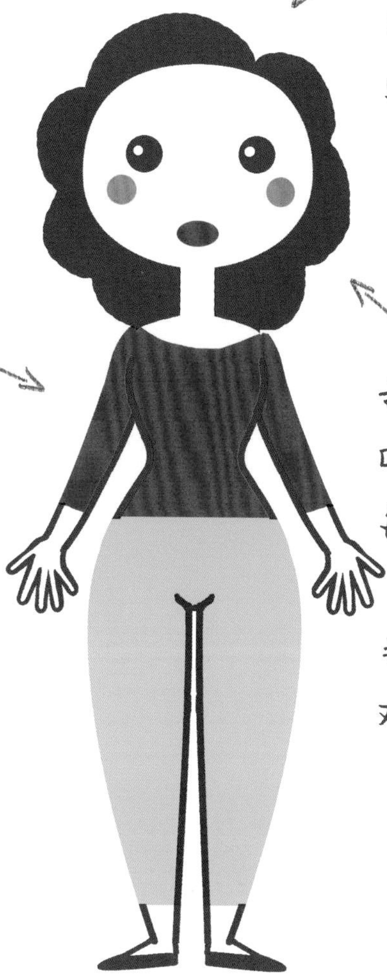

我们平均每分钟吸入20万个病毒！每次出门散步都会吸入200万个病毒！散步真的对身体有益吗？

80%的微生物通过双手传播！

Micropia是世界上第一座微生物博物馆，于2017年9月在荷兰阿姆斯特丹开馆。这里没有大猩猩或长颈鹿，只有各种各样的病毒、真菌和细菌！

游戏　微生物问答

最好是这样！

你觉得呢？
人类是怎么
想我们的？

1.白细胞用什么武器让巨噬细胞识别病毒？

A.抗体　　B.基因

2.哪种白细胞通过吞噬的方式来杀死病毒？

A.巨噬细胞　　B.红细胞

3.喜欢在人体细胞中增殖的微生物是什么？

A.病毒　　B.真菌

4.免疫系统的哪种“士兵”能抵抗病毒攻击，保护我们？

A.白细胞　　B.红细胞

5.我们用肉眼看不到哪种生物？

A.昆虫　　B.微生物

6.哪种微生物很厉害，会保护我们，而且在我们的身体里有上亿个？

A.细菌　　B.病毒

7.构成人体的基本单位是什么呢？病毒喜欢在这里面增殖。

A.细胞　　B.细菌

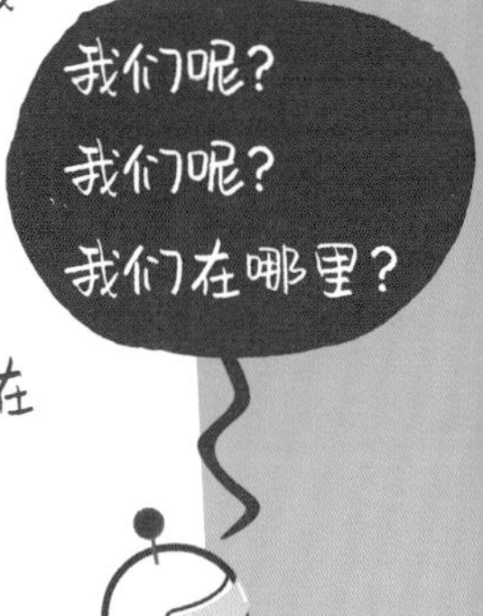

我们呢？
我们呢？
我们在哪里？

精彩　　厉害　　神奇

身体会自我修复！

在生病时，我们的身体里就像爆发了战争一样。所以，在病痊愈以后，我们就得赶快修复一下受损的身体。

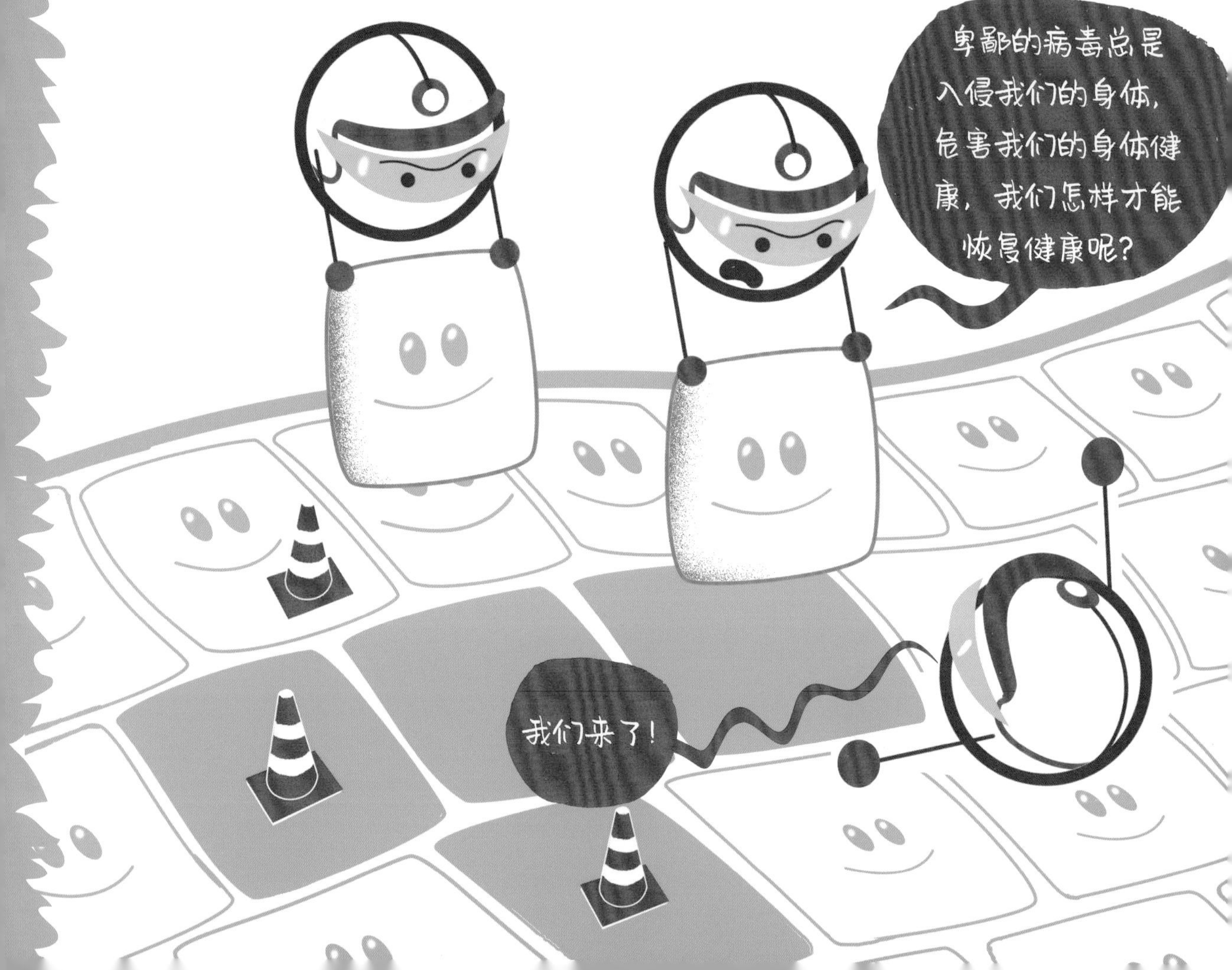

白细胞

对抗病毒的

超级计划！

1/

好好休息。

2/

好好喝水。

3/

好好吃饭，
储存能量。

4/

每天用生理
盐水清洗几
次鼻子。

5/

好好擤鼻涕，
清除微生物。

请耐心一点儿！我们需要一个星期的时间来修复损伤，只有这样身体才有力量抵抗病毒！

注意，疫苗来了！

为了帮助人体的免疫系统更好地抵御病毒入侵，人类发明了疫苗！要对付世界上最危险的那些病毒们，注射疫苗是唯一有效的方法。

在这支注射器里，有一个濒死的病毒，它即将被注射到你的身体里！
等它进入体内后，白细胞就会对它展开攻击。
这不公平，我快死了！
几个月以后……
大家记住它！如果这种病毒再来入侵，我们就要把它们统统消灭！
通缉
1！ 2！ 3！ 消灭！
又是你，别想得逞，我记得你！

病毒警报

免疫系统可以记住所有入侵过的病毒的样子。今天，又有一种病毒入侵了你的身体，请你帮白细胞军队找到这个病毒，线索就在蓝色泡泡里。

它没有尖尖的刺

它是圆形的

它有一个红色的壳

它的眉毛又粗又浓

你找到了吗？这个病毒是：______

谢谢，在你的帮助下，白细胞军队找到了这个病毒，它们用自己的武器把病毒消灭掉啦。

一个简单实用的好方法！

消灭微生物的最新技术：洗手！

我早听说过了……

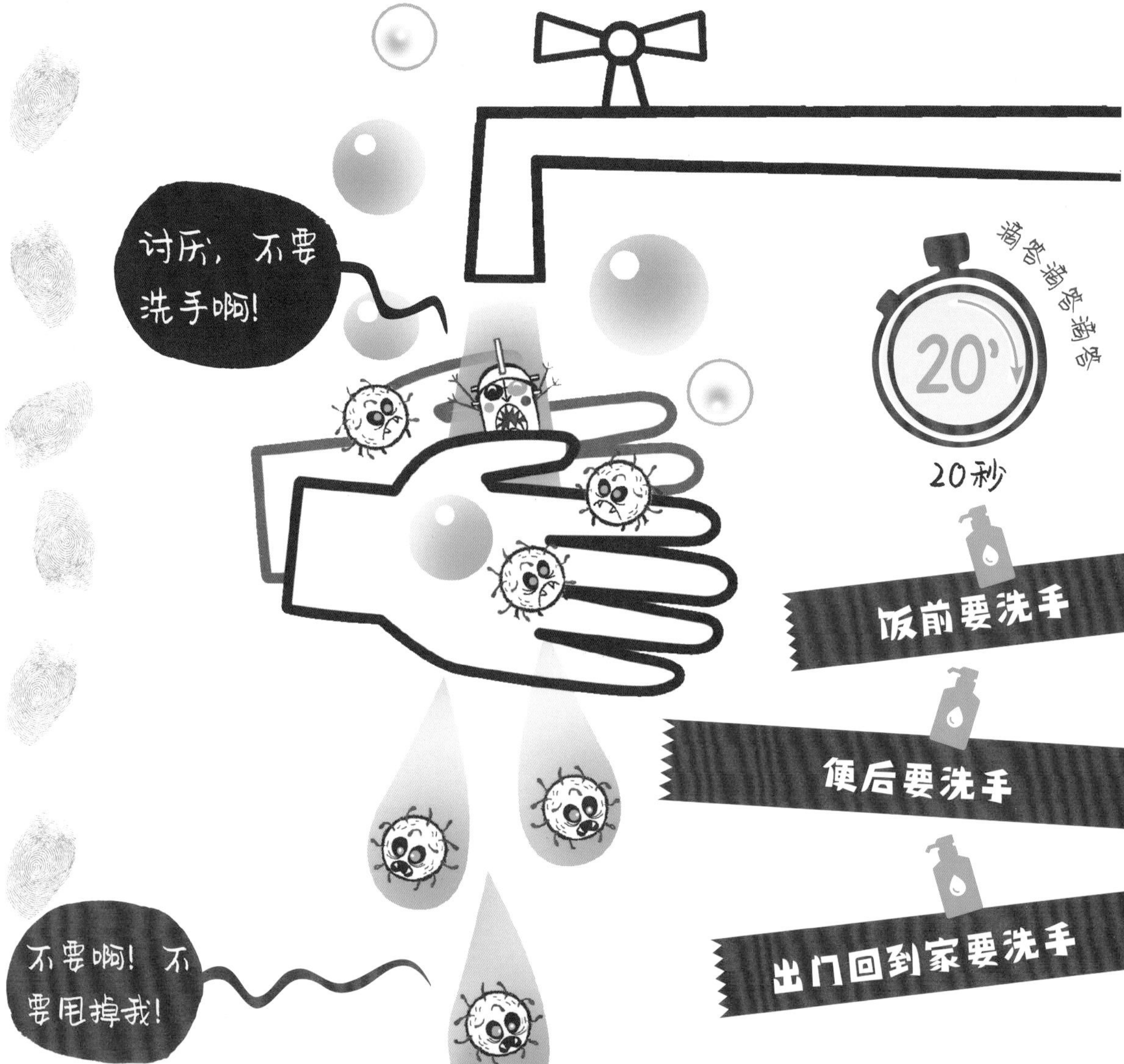

- 饭前要洗手
- 便后要洗手
- 出门回到家要洗手

画一画

请画出你认为的最可怕的病毒

可怕的病毒

游戏答案

·微生物问答:

1. 抗体 2. 巨噬细胞 3. 病毒

4. 白细胞 5. 微生物 6. 细菌 7. 细胞

·病毒警报: 肠胃炎病毒

愿力量
与我们同在!

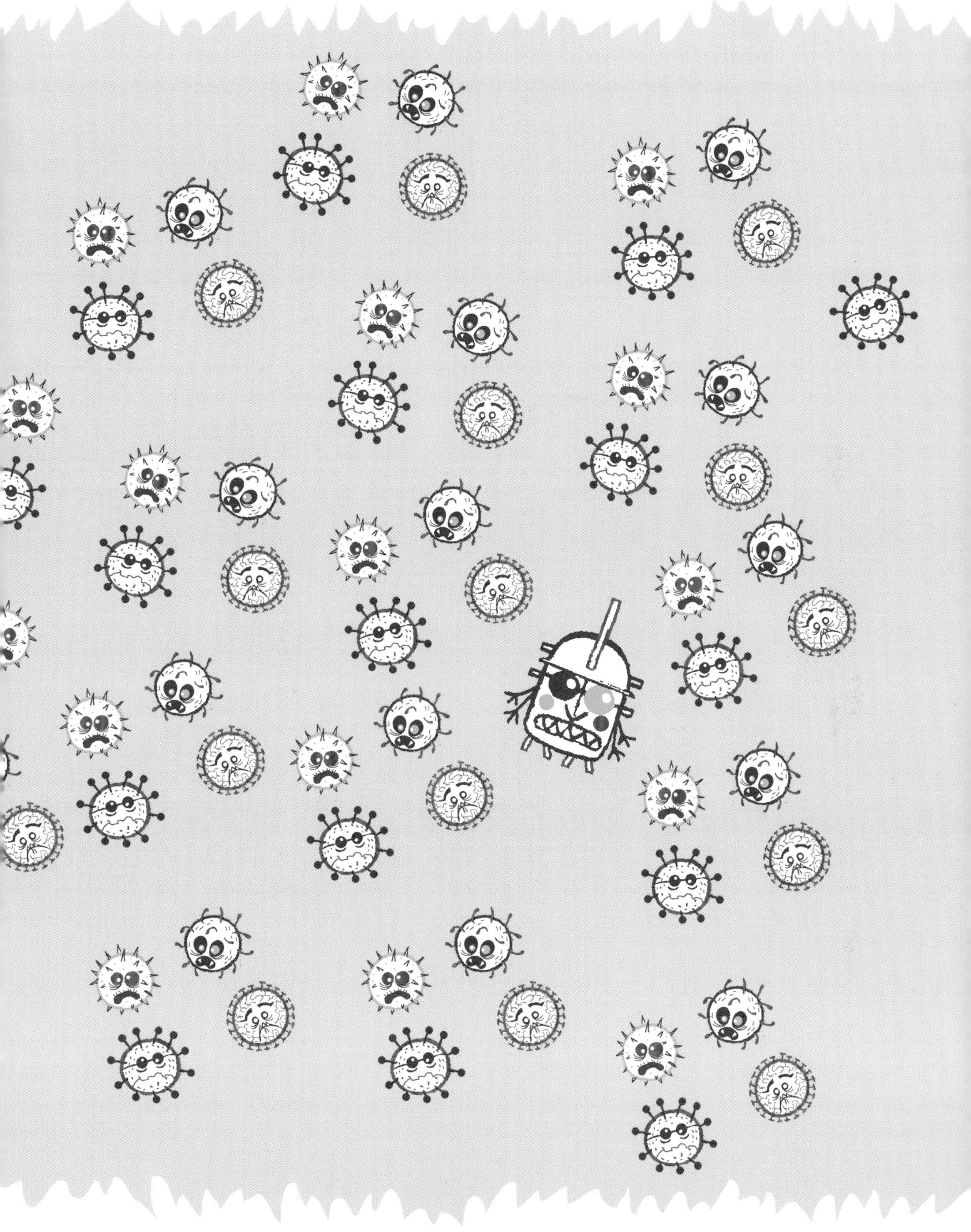

大家都在吧?
Robert

谨以此书献给我了不起的小宝贝吕班。

——克莱曼斯

谨以此书献给我最爱的两个虱子小饲养员们，他们很喜欢虱子，不过他们不喜欢虱子爬到自己的头上去。

——阿丽亚娜

图书在版编目（CIP）数据

嗨，你看见我了吗？. 超级小的虱子 / (法) 阿丽亚娜·梅拉齐尼, (法) 克莱曼斯·萨巴格著；(法) 克莱曼斯·萨巴格绘；景韵润等译. -- 北京：电子工业出版社, 2022.1

ISBN 978-7-121-42182-2

Ⅰ. ①嗨… Ⅱ. ①阿… ②克… ③景… Ⅲ. ①虱科—儿童读物 Ⅳ. ①Q-49

中国版本图书馆CIP数据核字(2021)第204008号

责任编辑：张莉莉
印　　刷：天津海顺印业包装有限公司
装　　订：天津海顺印业包装有限公司
出版发行：电子工业出版社
　　　　　北京市海淀区万寿路173信箱　　邮编：100036
开　　本：787×1000　1/16　印张：14　字数：93.6千字
版　　次：2022年1月第1版
印　　次：2022年1月第1次印刷
定　　价：140.00元（全4册）

参与此书翻译的还有：马巍。

凡所购买电子工业出版社图书有缺损问题，请向购买书店调换。若书店售缺，请与本社发行部联系，联系及邮购电话：（010）88254888，88258888。

质量投诉请发邮件至zlts@phei.com.cn，盗版侵权举报请发邮件至dbqq@phei.com.cn。

本书咨询联系方式：（010）88254164转1835，zhanglili@phei.com.cn。

超级小的虱子

嗨，你看见我了吗？

［法］阿丽亚娜·梅拉齐尼 ［法］克莱曼斯·萨巴格 著

［法］克莱曼斯·萨巴格 绘 景韵润 等译 常凌小 审

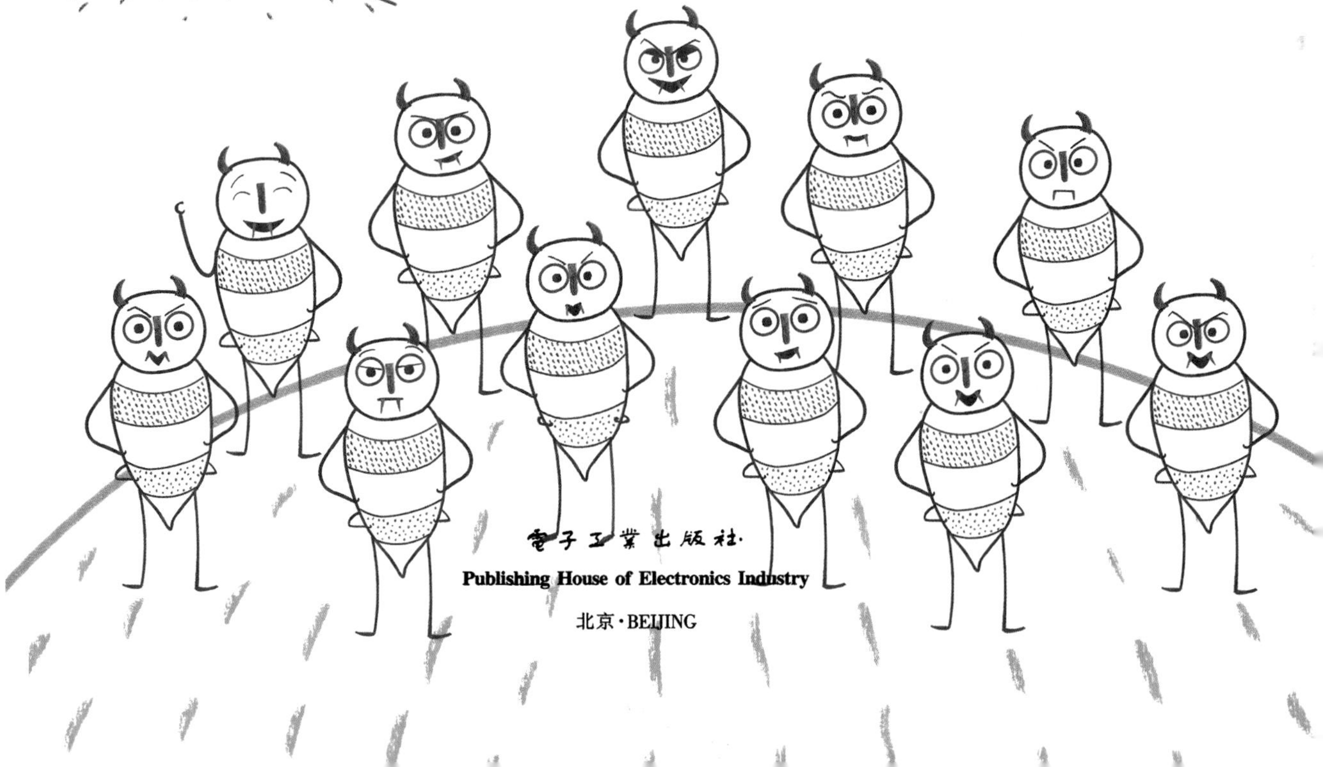

電子工業出版社

Publishing House of Electronics Industry

北京·BEIJING

虱子很丑陋，

但它们已经在地球上生活了

300万年。

你的爸爸妈妈看到它们

都会害怕。

虱子们邀请你和它们

共度一天……

虱子们

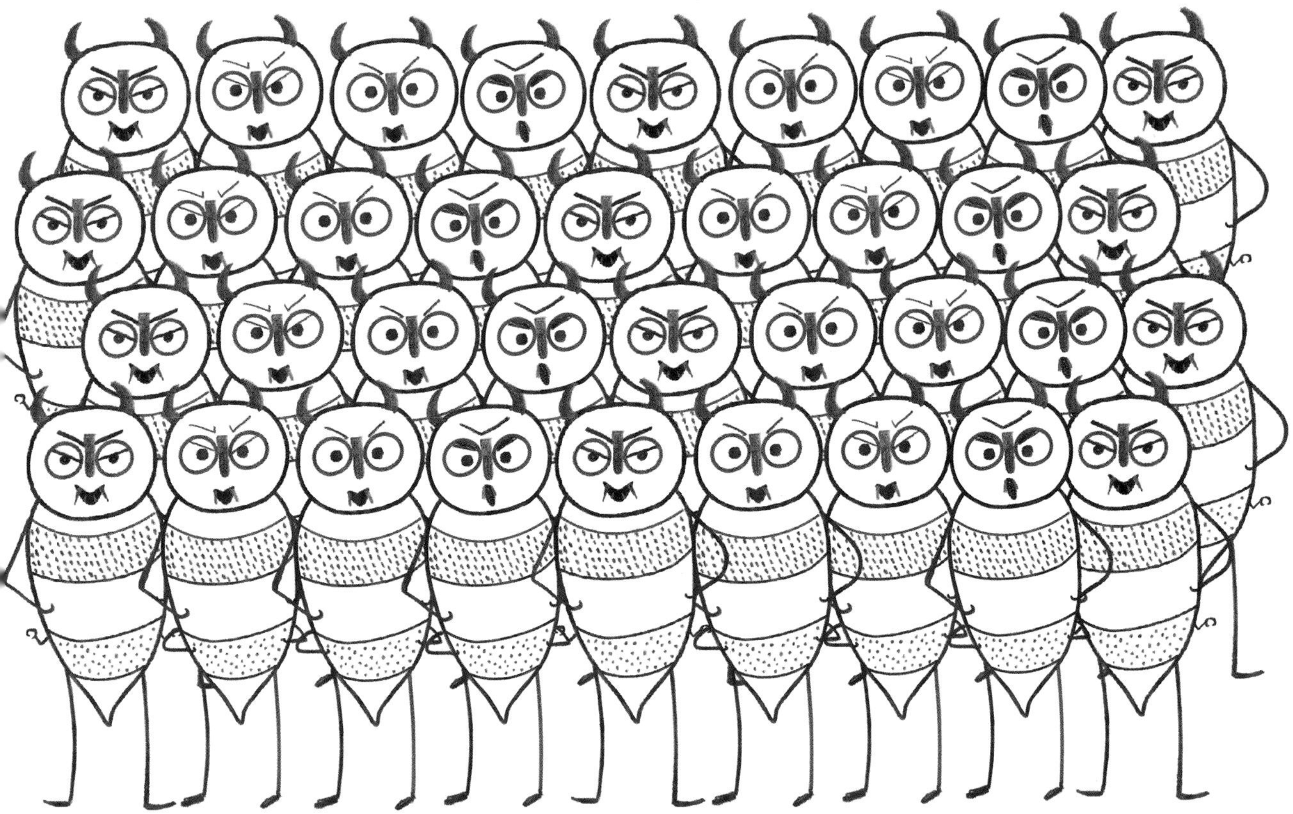

欢迎来到这个冷酷的世界，

这里到处都是虱子，

它们喜欢在人类的头上

爬来爬去。

它是你的向导。→

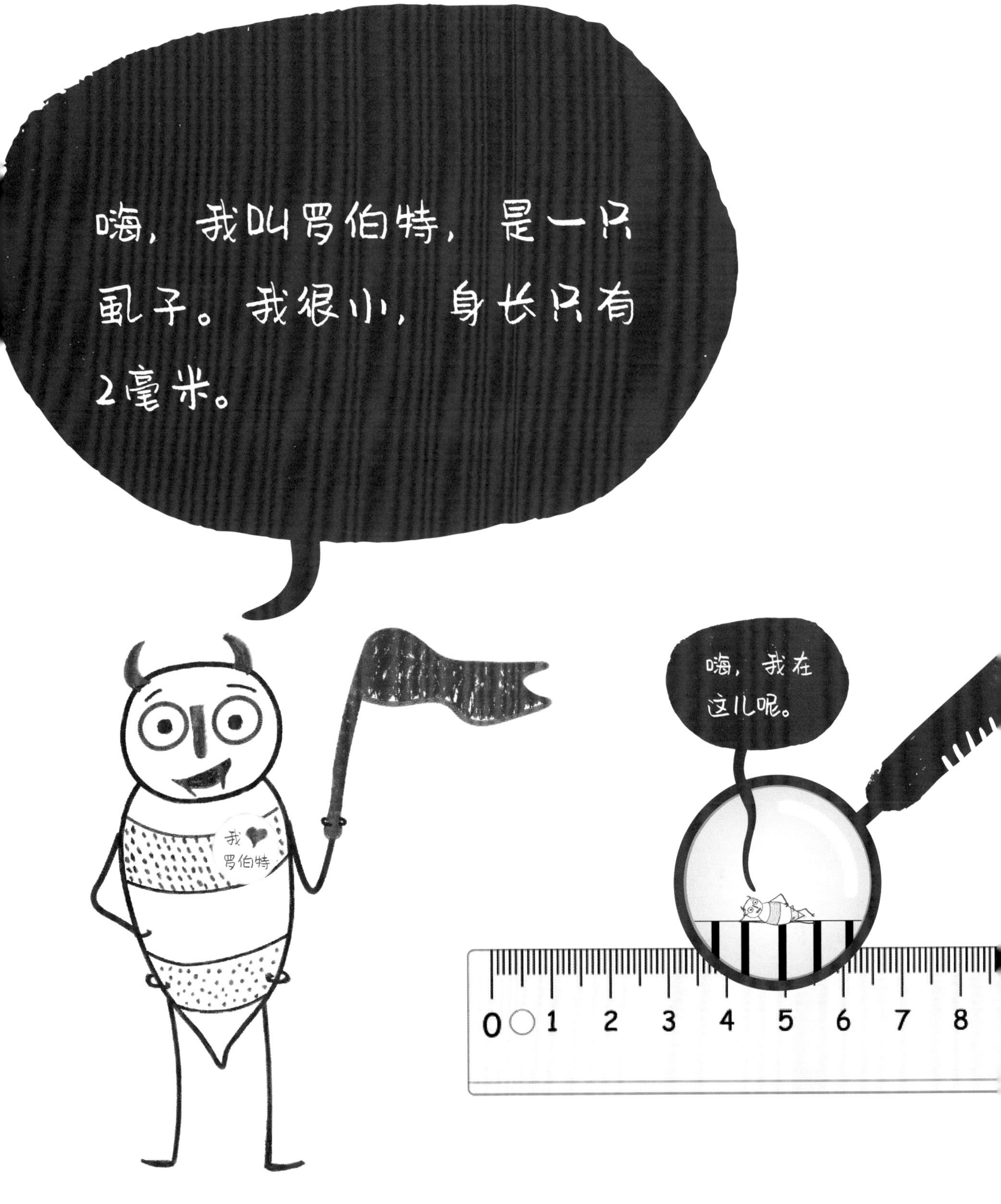
嗨，我叫罗伯特，是一只虱子。我很小，身长只有2毫米。
我❤罗伯特
嗨，我在这儿呢。
0 1 2 3 4 5 6 7 8

我有……

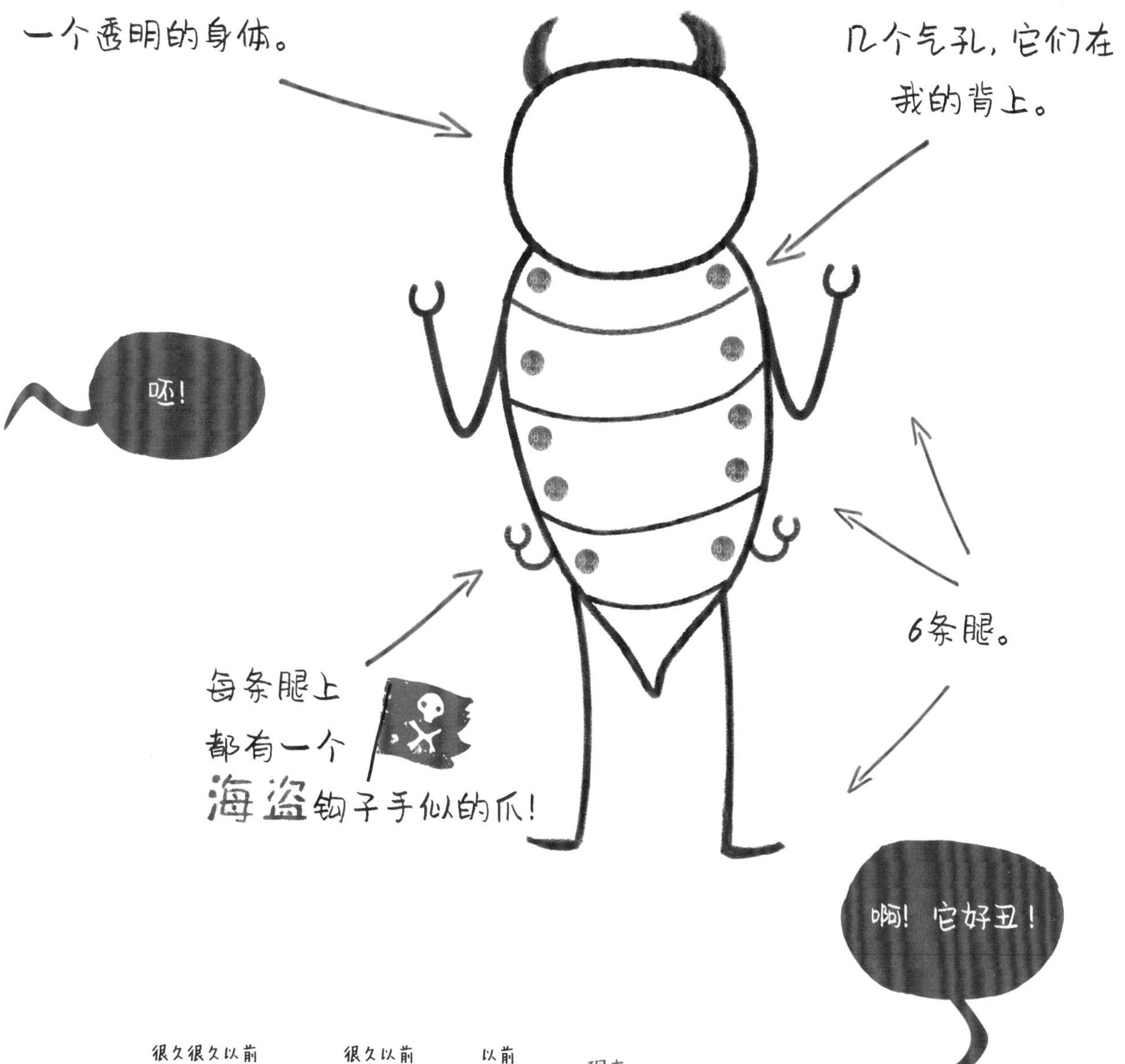
一个透明的身体。
几个气孔，它们在我的背上。
呸！
6条腿。
每条腿上都有一个海盗钩子手似的爪！
啊！它好丑！

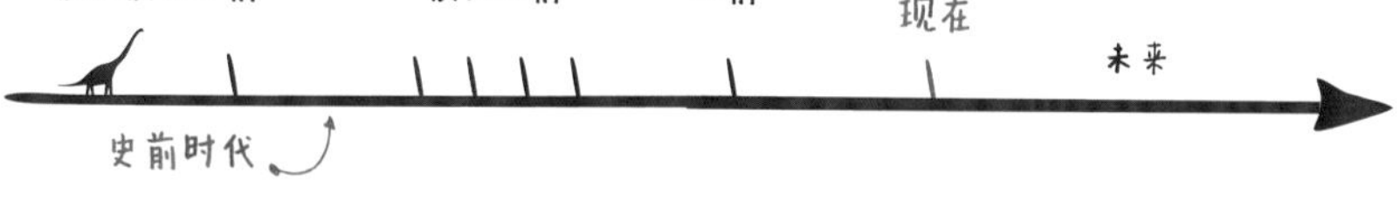
很久很久以前
很久以前
以前
现在
未来
史前时代

从史前时代以来，我就一直生活在人类的头发里！
罗伯特，来吧，让我们一起度过新的一天吧！

7:30早餐时间

罗伯特准备开始享用

美味的早餐啦。

好了，我吃饱了，准备去上学啦！

8:29上学路上
虱子学校
虱子学校
虱子学校
耶耶耶耶！
我不会飞，也不会跳，
但我跑得飞快。
虱子学校

8:30上课时间

小虱子们，你们好！准备好开始今天的课程了吗？

今日课程

入侵小孩子的头

1

发现猎物

2 降落到猎物头上

3
占领头部

4 住在最暖和的地方——脖子和耳朵后面！

10:00游泳池

和其他虱子一样，
罗伯特是**潜水冠军**。
它吐个泡泡就能保护自己，
然后在水下待**18个小时**！

哈哈，我既不怕水也不怕氯，
就算你把头发弄湿了也打败
不了我！

12:00 食堂

运动之后

真舒服啊！

虱子们的
鲜血大餐!
加果我们不喝血
就会死掉的。
每日
鲜血
每日
鲜血

虱子每隔几天就要吸食血液，

是真正的吸血鬼！

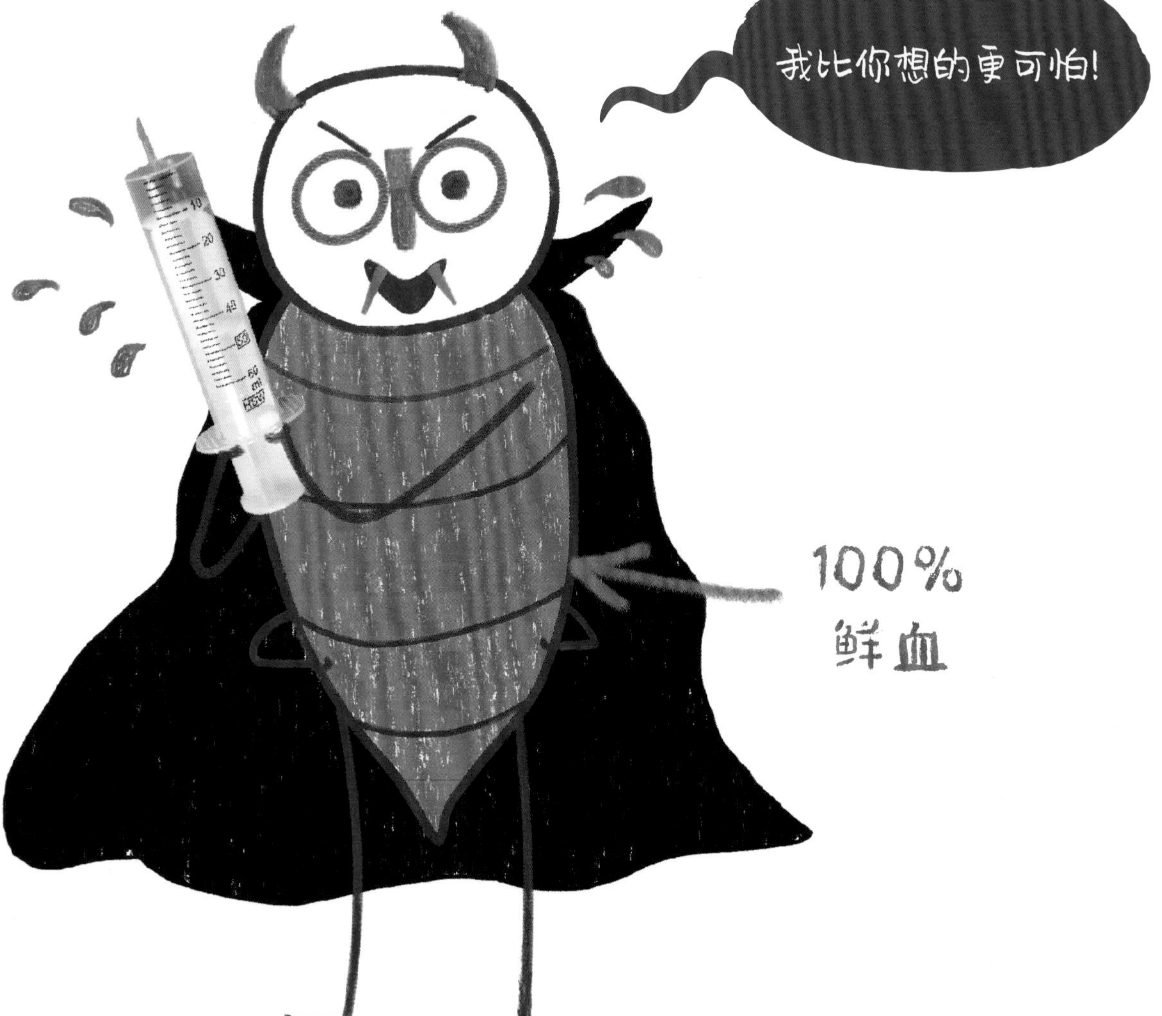

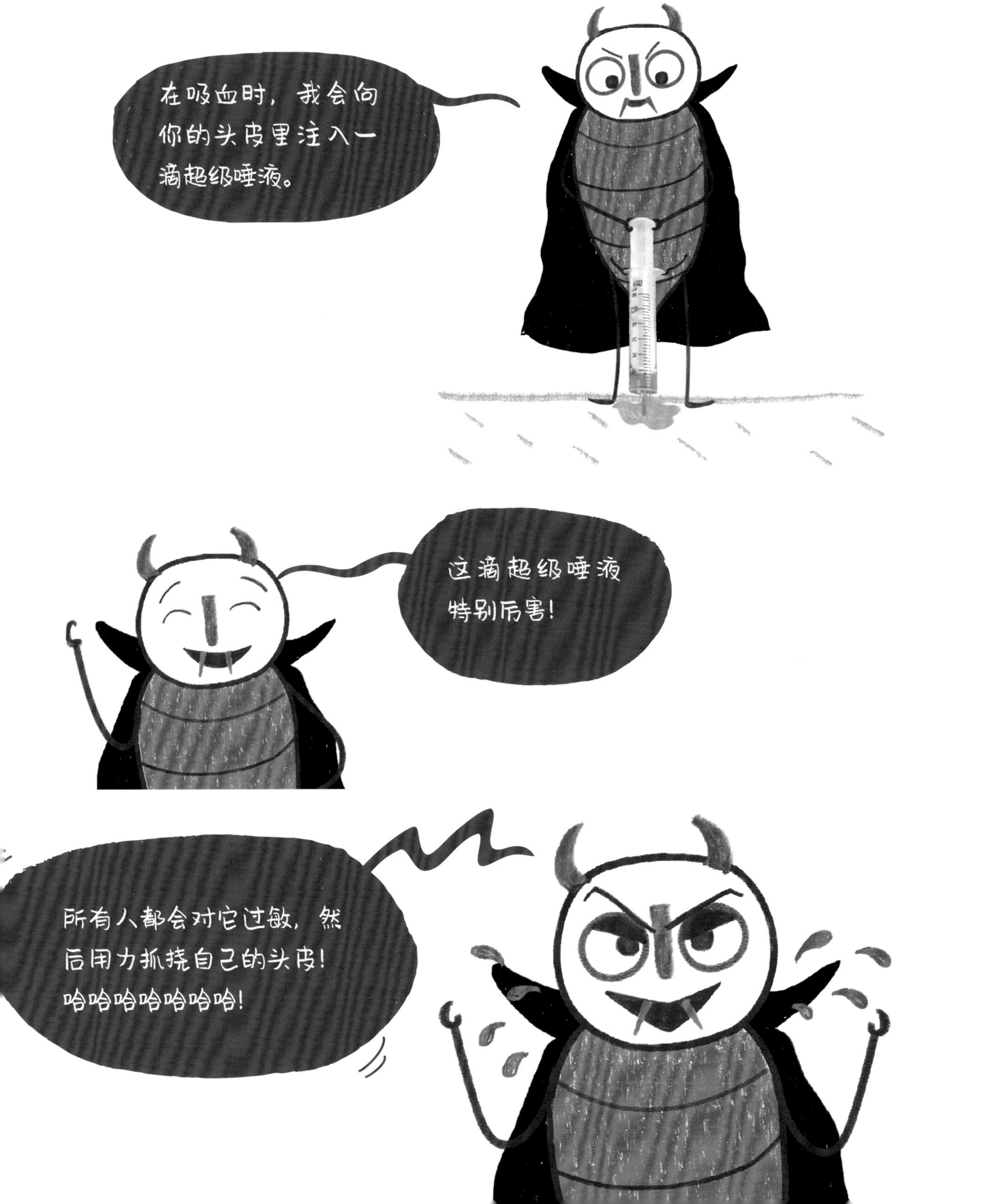
在吸血时，我会向你的头皮里注入一滴超级唾液。
这滴超级唾液特别厉害！
所有人都会对它过敏，然后用力抓挠自己的头皮！哈哈哈哈哈哈哈！

13：30 休息

两只吃饱喝足的虱子相遇了，它们聊了一会儿。

你见过自己长什么样子吗?
你别故意找碴儿!

14:00 生命科学
罗伯特与罗贝尔开始了
一段完美的爱情……

……但是不只和罗贝尔！

魅力十足！

雄虱子可以连续21天和不同的雌虱子生虱子宝宝！

它真迷人！
我❤罗伯特
我❤罗伯特
我❤罗伯特
我❤罗伯特

15:00 造型艺术

罗贝尔开始工作了，

它要把卵粘在头发的根部。

它每天可以产10个卵！

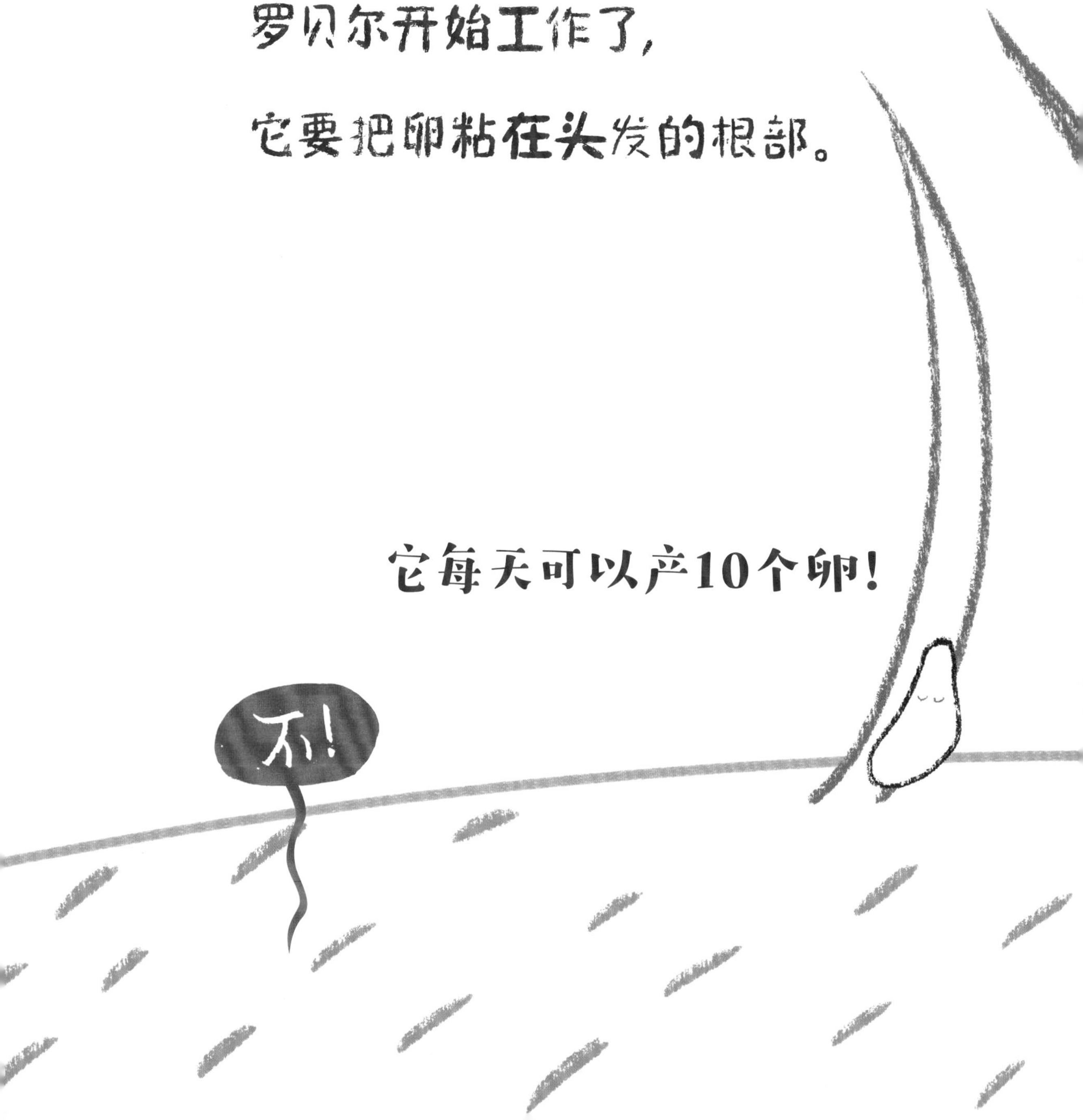

哇，这“胶水”粘得太牢了！如果不快点离开的话我就会被粘住！
新鲜的虱卵

7天以后，罗贝尔的卵变成了漂亮的小若虫。接着，准备变成……

虱子先生和虱子女士很高兴为你们宣布：

……一个坏虱子！
嘭！

16:00 下课

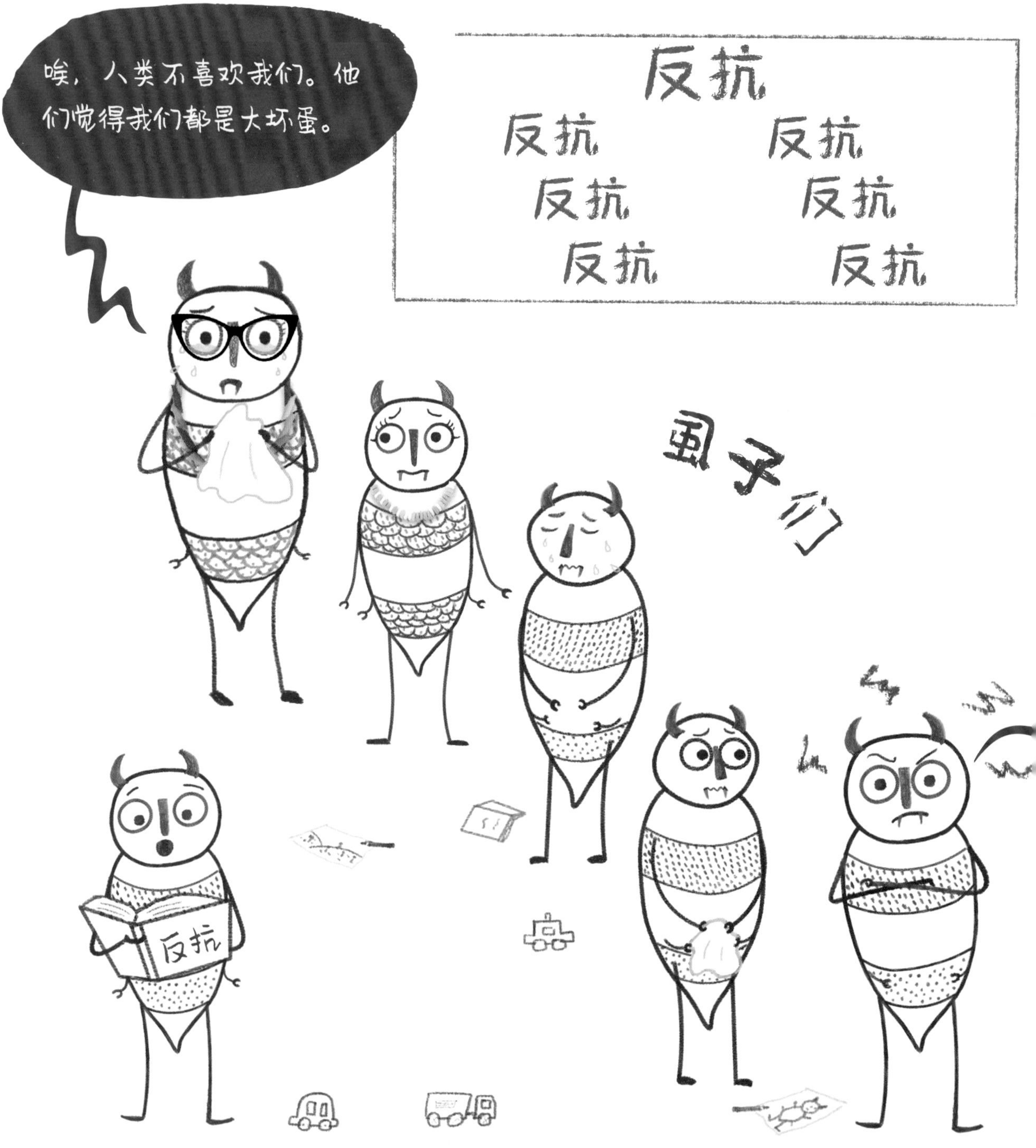

清虱灵
扑哧！
大家快跑啊！
对，他们总想用一些产品闷死我们，我特别讨厌那些东西！
反抗
虱子们，开始反抗吧！

16:30 放学
虱子学校
接纳虱子！
不公平！
SOS 救救

一日为虱，
一生为虱！
虱子
和爱
我不开心!
们虱子吧

19:00 吃零食

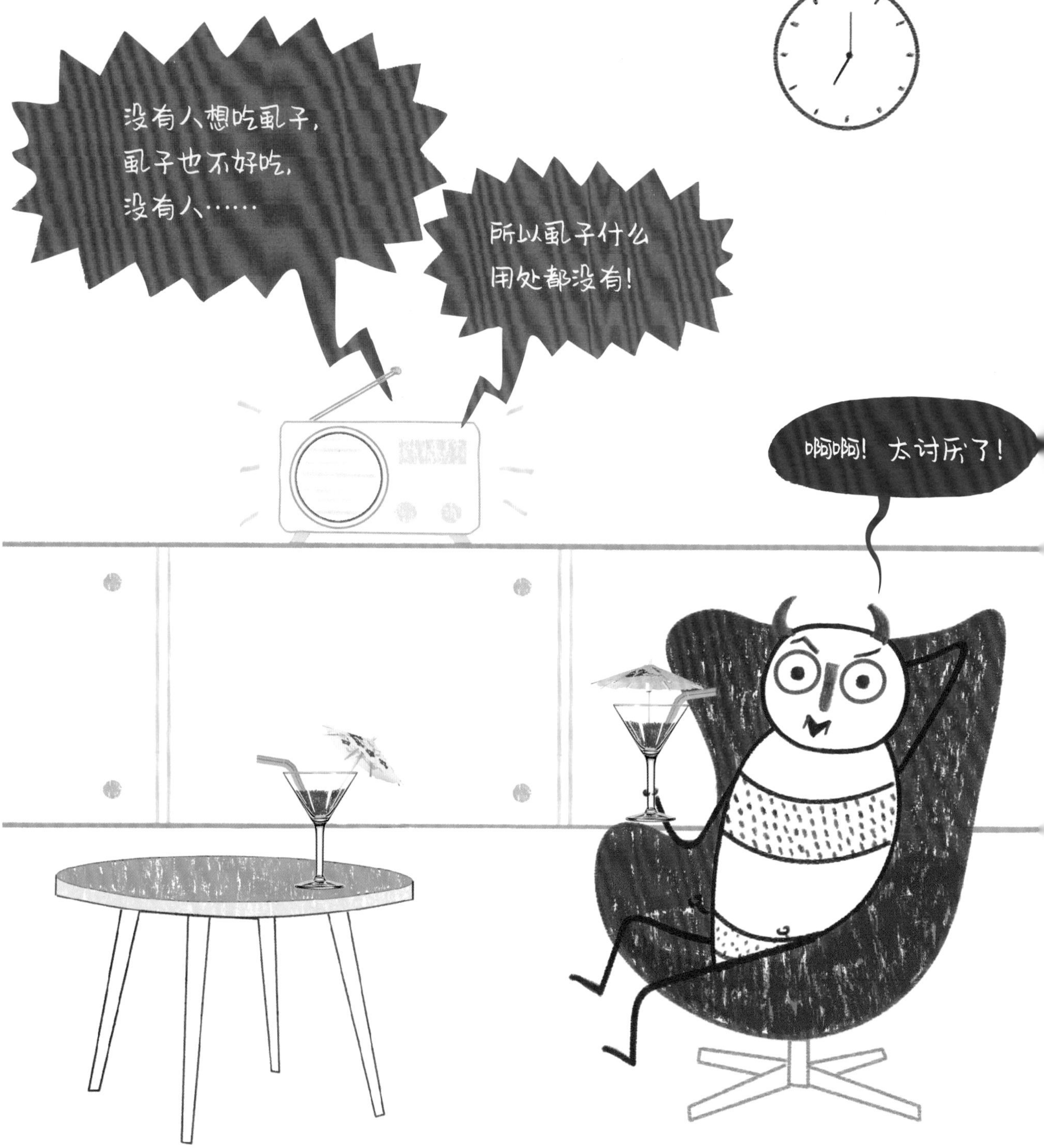

没有人想吃虱子，
虱子也不好吃，
没有人……
所以虱子什么
用处都没有！
啊啊！太讨厌了！

20:00 睡觉

总结

虱子在我们的头发里出生、吃饭、
生宝宝、去世……
但还会回来！

第一次笑

第一顿饭

罗伯特和朋友们

旅行中的罗伯特

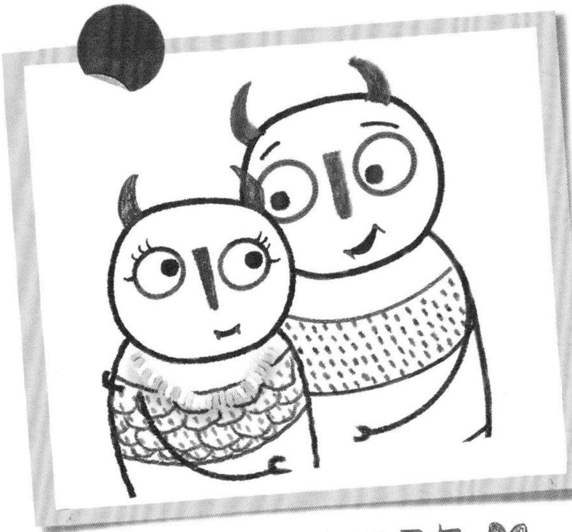

♥ 罗伯特与罗贝尔 ♥

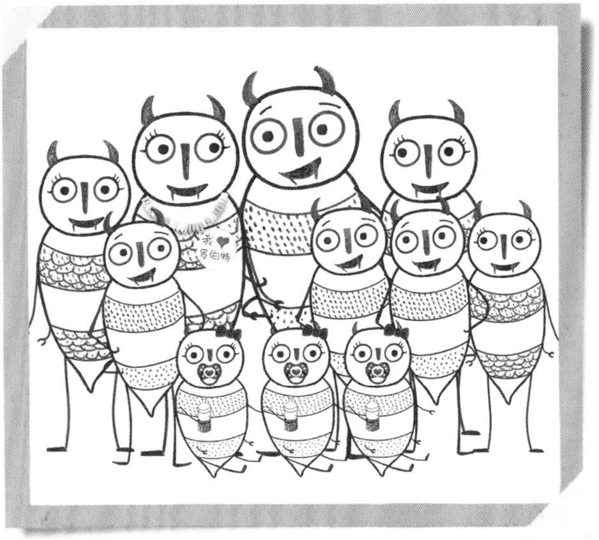
我
罗伯特

罗伯特和家人们

罗伯特
去世了
……

我们心爱的
罗伯特
在这里长眠

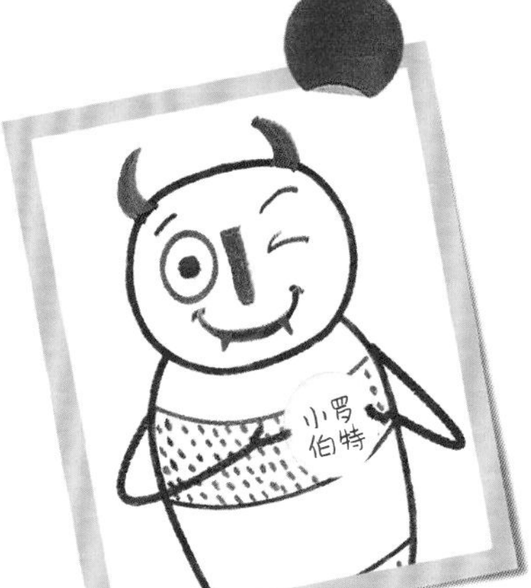
小罗
伯特

但它又回来了!

Robert

来玩吧

这里有更多和虱子相关的知识、游戏和趣味活动在等着你!

虱子

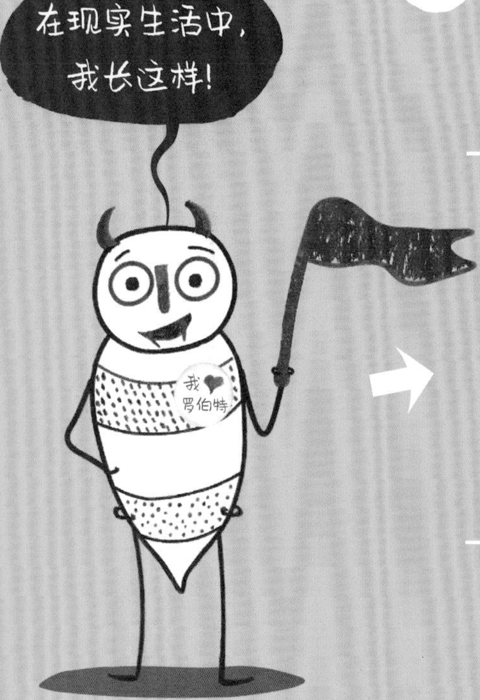

身份证

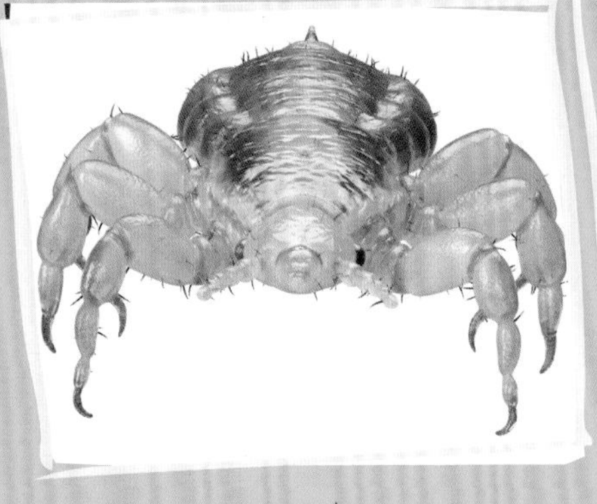

名字：虱子　　别名：罗伯特

家族：虱目

大小：1~3毫米

孩子：虱卵

食物：血液

生活场所：你的头发

特点：除了自己之外没有敌人

印记：

签名：罗伯特

位置
无处不在!
通缉令
虱子罗伯特
虱子罗伯特
通缉
入侵人类头顶的虱子

消灭虱子

以下3步帮助你摆脱讨厌的虱子（缺一不可）：

1. 用油性和黏性产品把它们闷死，比如：

药房出售的化学产品

含有天然成分的产品（橄榄油或椰子油）

每天至少敷45分钟，整晚敷效果更佳！一个星期是一个疗程。

2. 每星期用细梳子梳几次头发，把它们弄下来。

3. 每三天整理一次你放在角落里或包里的衣服、刷子和床单。

好消息：不用把这些东西都洗一遍，因为如果虱子吸不到血的话，两天后就会死掉。

注意

冬天不要互借帽子和围巾!

尽量不要和朋友一起自拍，虱子会趁机在你和朋友的头之间蹿来蹿去!

人类啊！他们花了300万年还没有弄清楚怎么摆脱我们!

消灭虱子和虱卵研讨会建议：用吸尘器消灭虱子！但是效果如何，请不要期待。

对还是错

关于虱子的真相

1.虱子更喜欢脏头发。

对 ○ 错 ○

2.虱子是被外星人送到地球上的。

对 ○ 错 ○

3.虱子是昆虫。

对 ○ 错 ○

4.虱子只喜欢入侵孩子的头。

对 ○ 错 ○

5.虱子以血液为食。

对 ○ 错 ○

答案

答案在下面，把书倒过来看吧。

答案：

1.错误。虱子喜欢所有头发，不论是干净的还是脏的，是直发还是卷发！它不在乎头发干不干净。

2.错误。我们还不知道它是如何来到地球上的！

3.正确。身体分为头、胸、腹3部分，有6条腿，所以是昆虫。

4.错误。虱子会住在大人和小孩的头上！

5.正确。虱子如果不吸血就会死掉！

游戏

糊里糊涂的虱子

这只糊涂的虱子找不到食物了，请你帮它在下面的表格里找到它的食物吧！

泉	水	象	牙	书	元	若	虫
左	头	发	齿	树	旗	瓶	子
右	部	风	本	册	子	海	洋
只	油	科	血	河	平	面	饼
一	路	学	液	寄	冰	脖	纸
工	具	漂	雪	生	虱	子	手
耳	道	浮	昆	虫	卵	萌	铅
朵	花	香	勇	字	豆	芽	笔

你知道吗?

虱子是我们最忠实的“宠物”!
自从人类出现后,虱子们就从没离开过人类。

法国寄生虫学家凯瑟琳·康贝斯科特-朗在她的实验室里培育了10000只虱子。她把它们放在玻璃罐子里。她希望有一天能找到消灭虱子的方法,一起为她加油吧。

鸡、狗、猫和猪的身上都有虱子!不过它们身上的虱子都各不相同,和我们人类身上的虱子也不一样。

游戏

找出12个不同之处

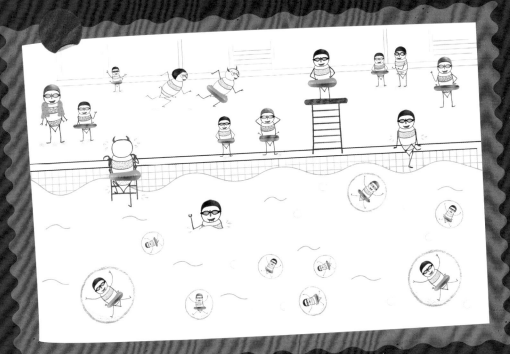

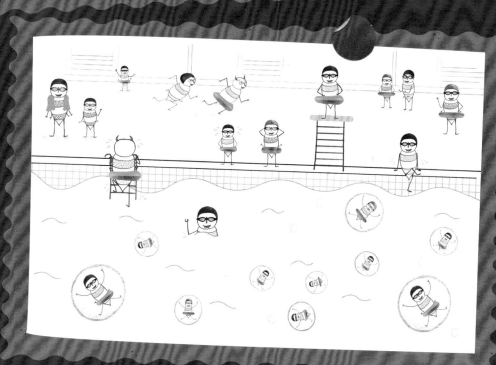

游戏

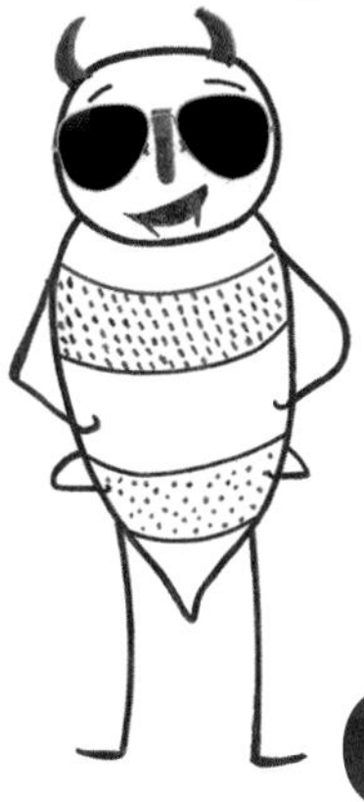

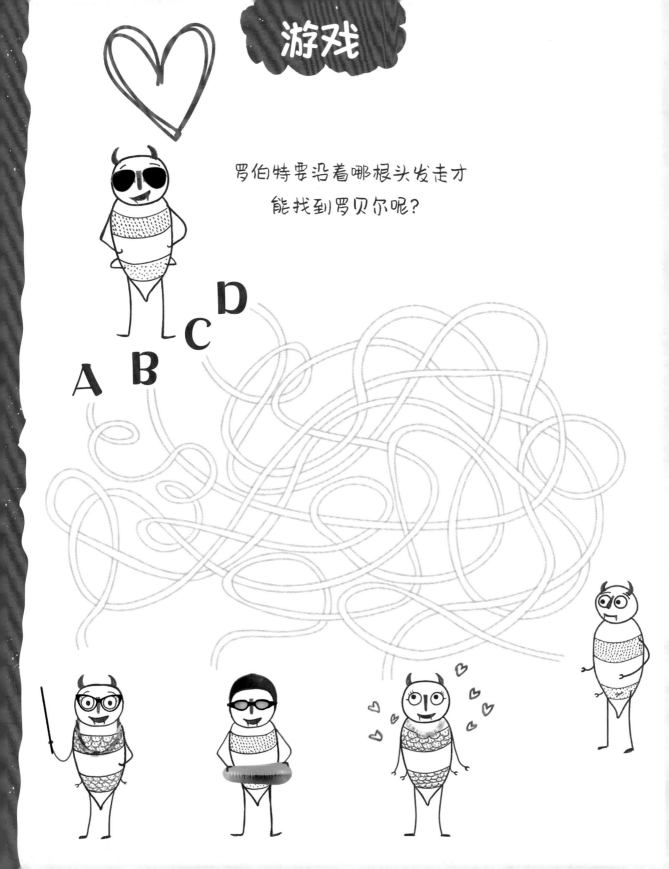

罗伯特要沿着哪根头发走才

能找到罗贝尔呢？

画一画

请画出你认为的最可恶的虱子

可恶的虱子

游戏答案：

·糊里糊涂的虱子：血液

·找出12个不同之处（见右图）

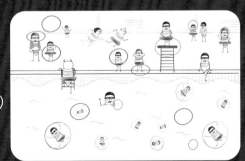

·沿着B头发能找到罗贝尔

I ♥ Robert
Robert

这是一个神奇的蚊子世界!

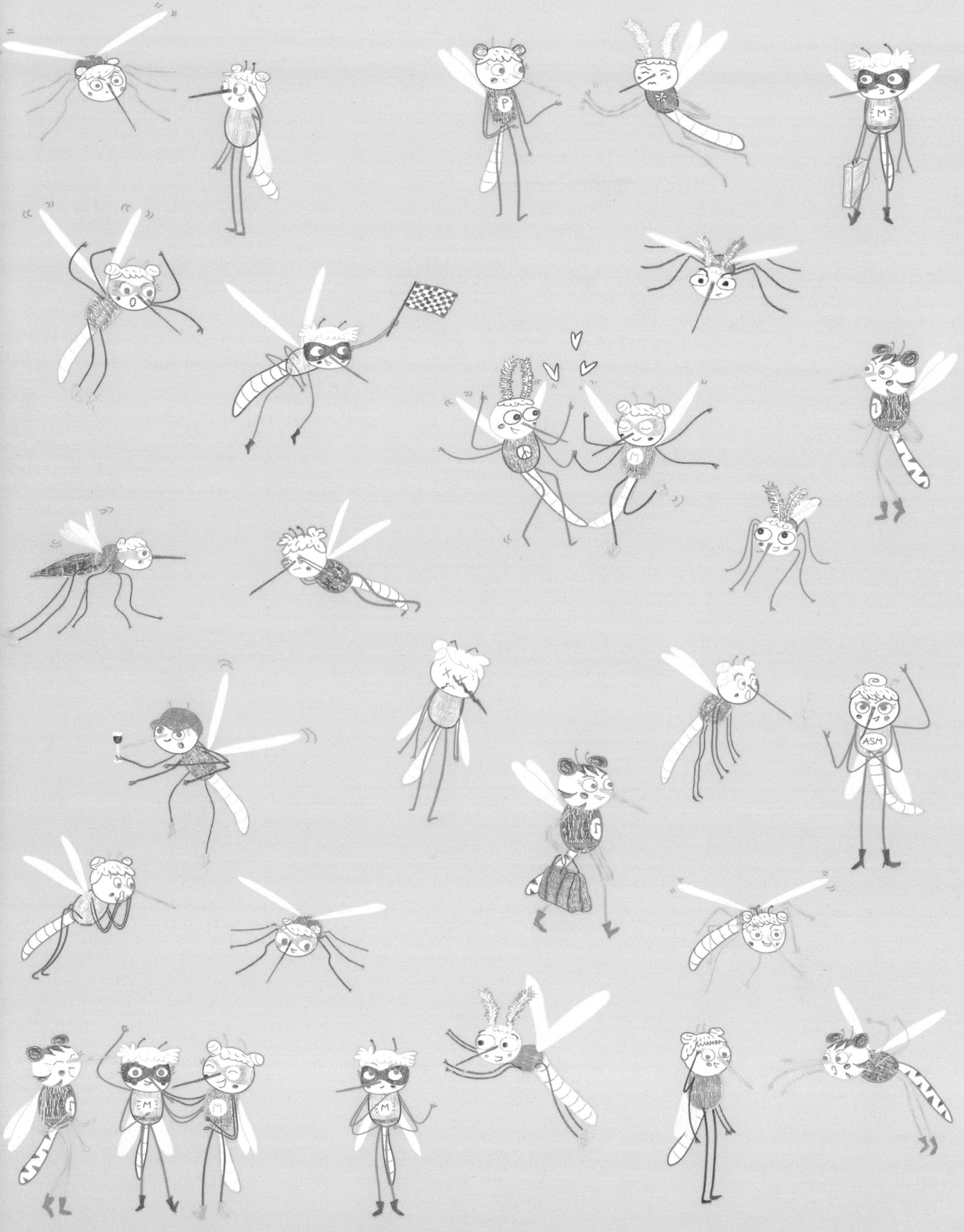
P
M
M
ASM
M
M
M

谨以此书献给非常受蚊子喜爱的米利奥。你报仇的时刻到了！

——克莱曼斯

谨以此书献给日日夜夜都在和蚊子做斗争的齐亚和马里楼。

——阿丽亚娜

版权贸易合同登记号 图字：01-2021-2362

图书在版编目（CIP）数据

嗨，你看见我了吗？.小小的蚊子 / (法) 阿丽亚娜·梅拉齐尼, (法) 克莱曼斯·萨巴格著 ; (法) 克莱曼斯·萨巴格绘 ; 景韵润等译. -- 北京 : 电子工业出版社, 2022.1

ISBN 978-7-121-42182-2

Ⅰ. ①嗨… Ⅱ. ①阿… ②克… ③景… Ⅲ. ①蚊—儿童读物 Ⅳ. ①Q-49

中国版本图书馆CIP数据核字(2021)第204001号

责任编辑：张莉莉
印　　刷：天津海顺印业包装有限公司
装　　订：天津海顺印业包装有限公司
出版发行：电子工业出版社
　　　　　北京市海淀区万寿路173信箱　　邮编：100036
开　　本：787×1000　1/16　印张：14　字数：93.6千字
版　　次：2022年1月第1版
印　　次：2022年1月第1次印刷
定　　价：140.00元（全4册）

参与此书翻译的还有：马巍。

凡所购买电子工业出版社图书有缺损问题，请向购买书店调换。若书店售缺，请与本社发行部联系，联系及邮购电话：（010）88254888，88258888。

质量投诉请发邮件至zlts@phei.com.cn，盗版侵权举报请发邮件至dbqq@phei.com.cn。

本书咨询联系方式：（010）88254164转1835，zhanglili@phei.com.cn。

小猛犸童书

小小的蚊子

嗨，你看见我了吗？

［法］阿丽亚娜·梅拉齐尼　［法］克莱曼斯·萨巴格　著

［法］克莱曼斯·萨巴格　绘　景韵润　等译　常凌小　审

電子工業出版社

Publishing House of Electronics Industry

北京·BEIJING

蚊子已经在地球上生活了

上亿年，

它们让夏天的夜晚变成了噩梦，

你知道吗？其实对于人类来说，

它们比鲨鱼、鳄鱼和蛇加在

一起都还要更危险。

来和蚊子一起探险吧！

蚊子来了

欢迎来到蚊子的世界！

我们是昆虫，蚊子家族里，一共有3500多种蚊子。
就是我
我们蚊子比羽毛还轻。
母蚊子用刺针刺破人的皮肤，吸食血液，这是为了哺育肚子里的宝宝。
我讨厌血！我们公蚊子从不叮人，因为我们是素食者。

我们喜欢吸食花蜜，
非常热爱大自然！
但是，公蚊子的寿命
很短，只能活两个多
星期！
我们母蚊子能
活六个月呢！

蚊子秘密机构

蚊子们，现在我们正面临着**最紧迫的**威胁。
虽然我们已经抵抗了数百万年，但是这次，我们的生存受到了真正的威胁。
人类要阻止我们吸血！
我宣布：**入侵行动**正式开始！
A S M

我任命**三位优秀的女士**来负责此次行动。

先进装备

1对翅，约以**500次/秒**的频率振动，这个秘密武器能让我们快速起飞。

我们为参与行动的每位特工都配备了非常厉害的武器。
ASM
ASM
蚊子秘密机构
顶级机密
顶级机密

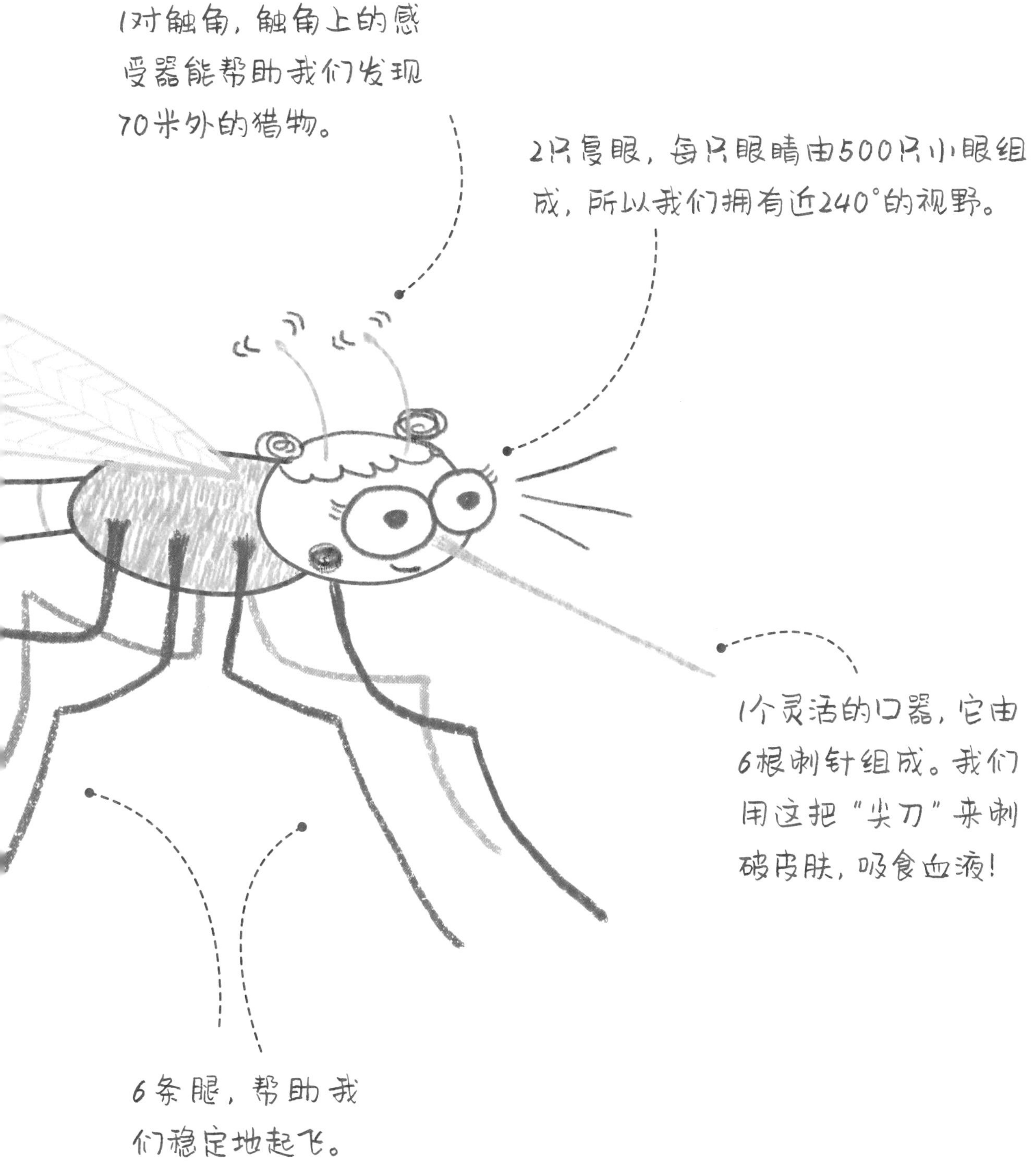
1对触角，触角上的感受器能帮助我们发现70米外的猎物。
2只复眼，每只眼睛由500只小眼组成，所以我们拥有近240°的视野。
1个灵活的口器，它由6根刺针组成。我们用这把“尖刀”来刺破皮肤，吸食血液！
6条腿，帮助我们稳定地起飞。

作战计划

ASM

蚊子秘密机构

顶级机密

入侵行动

女士们，你们的任务是：

1. 飞向世界各地
2. 寻找公蚊子一起繁育后代
3. 寻找叮咬目标
4. 吸食血液
5. 在安全地带产卵
6. 守护幼虫
7. 培养新一代特工

请注意，这条消息即将自动销毁！

小心，敌人每时每刻都在潜伏着。蚊子朋友们，祝你们好运！
蚊子
秘密机构
ASM

飞向世界各地

哈哈！人类走路可比我们飞行快多了。
ASM 蚊子秘密机构
我们真的能以3.2千米/时的速度飞向世界各地吗？
虽然不行，不过这并不能阻碍我们到处旅行。我们会偷偷溜进各种交通工具里！

选哪个呢？
飞机还是火车？
我要遵循伊蚊家族的传统：待在轮船的旧轮胎上，然后悄悄地穿越海洋。
我要开车去旅行！哈哈，世界已经向我敞开了大门！
ASM

入侵行动：任务一完成

寻找公蚊子

我看到公蚊子了！
嘿，蚊子先生，你能听到我说话吗？请从花朵中抬起头来看看我！我的翅没法振动得更快啦。
翅振动的频率是400~1000次/秒
我看到你啦，听到你的声音啦，多么悦耳的声音啊！

我们可以
一起跳舞吗？
当然！让我们在跳
舞的时候一起培育
蚊子宝宝吧。
蚊子先生
蚊子夫人
让我们在空中举
办婚礼吧，只需
要15秒！

入侵行动：任务二完成

寻找叮咬目标

现在我的肚子里有许多蚊卵！是时候吸食血液，让卵宝宝们发育成熟了。
啊！探测到了人类，准备开饭吧！
我太喜欢这里了！
我太喜欢这里了！
臭臭的、光溜溜的脚丫子！
看这里！多么诱人的人类美食啊！

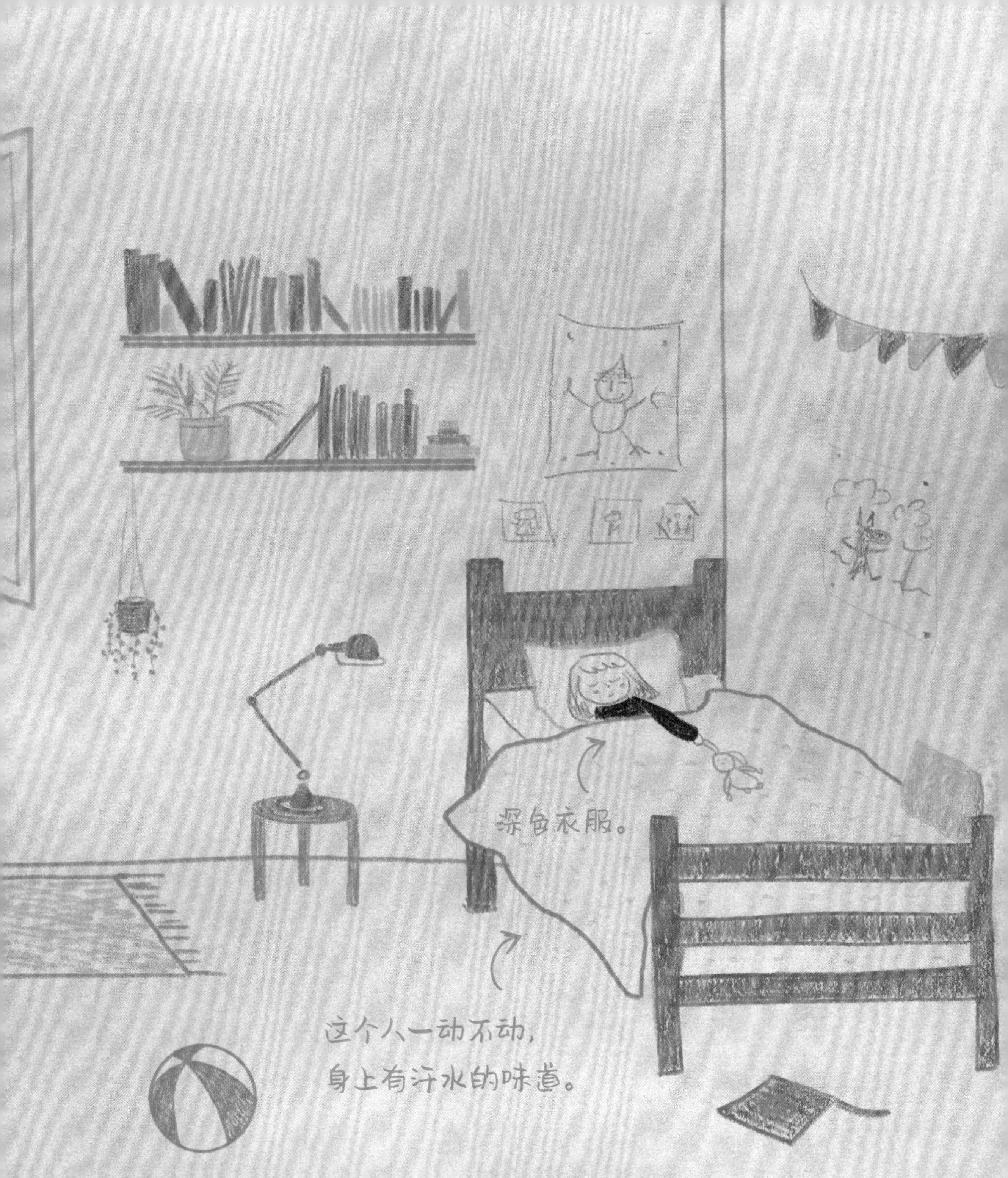

深色衣服。
这个人一动不动，
身上有汗水的味道。

入侵行动：任务三完成

吸食血液

准备开饭啦！我终于可以使用我的“外科手术工具”了。

1

我用4根像手术刀一样的刺针割伤他的皮肤。

2

接着我用口器找到血管。

3 然后我把唾液注射进去。唾液有3个功能：

舒张血管，让
血液快速流动。

麻醉皮肤，这下皮肤
就没有任何感觉了。

促进血液流动，这样我
就能更加轻松地把血液
吸进嘴里了！

我的唾液还会让皮肤
发痒、起肿包！

4

我要开始吸血了。一顿饭我能吃好多，大约是我体重的3倍重！

人类血液

=

100%蛋白质

=

健康的卵

哇！人类的血液对我来说太烫了。

5

滴答！我得撒尿凉快一下。

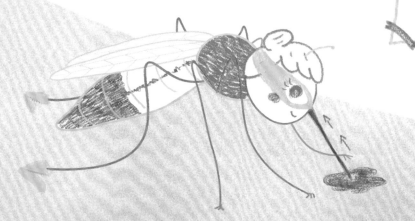

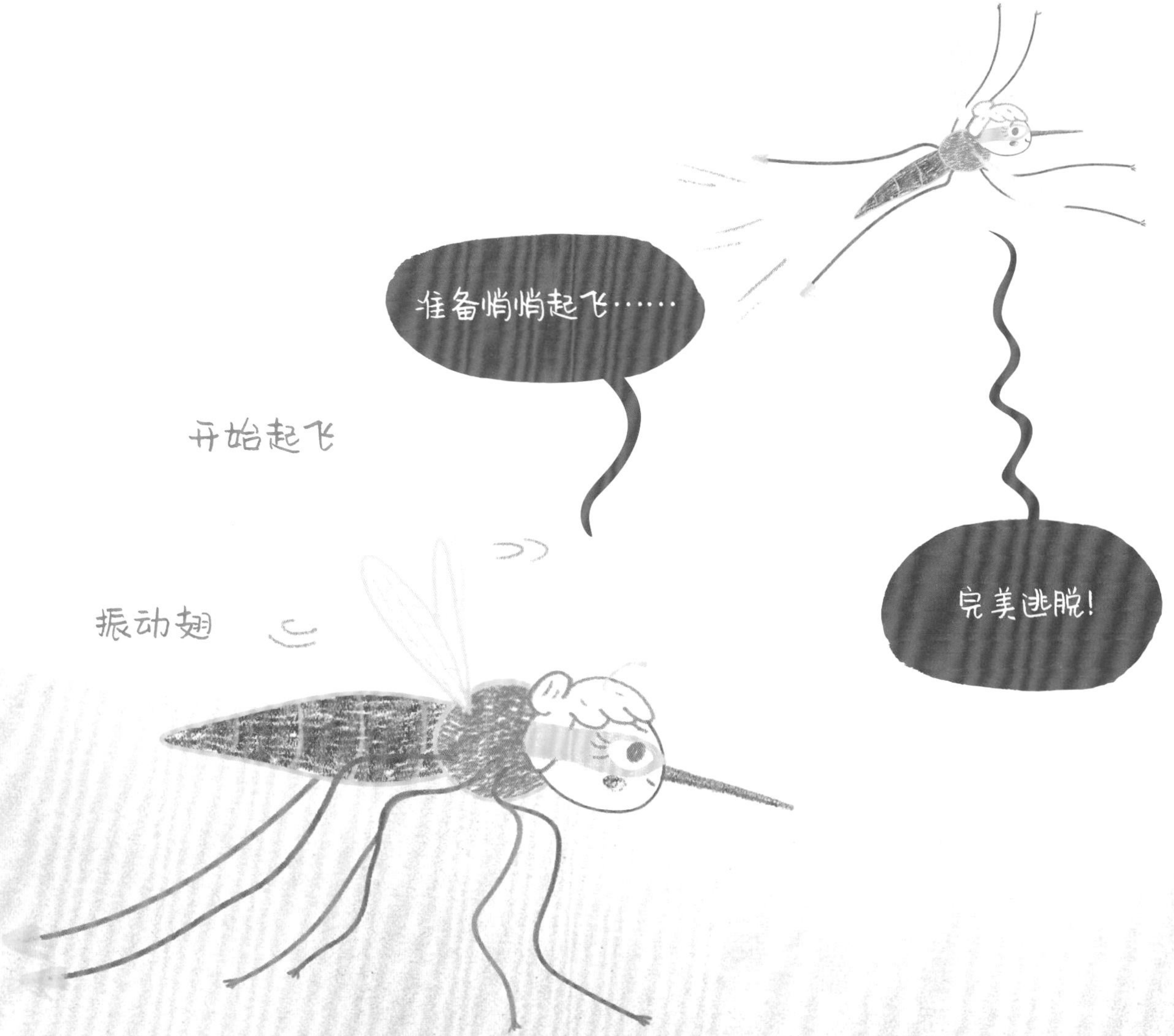

6

我不能蹬腿起飞，因为蹬腿的话人类会立马察觉到我。

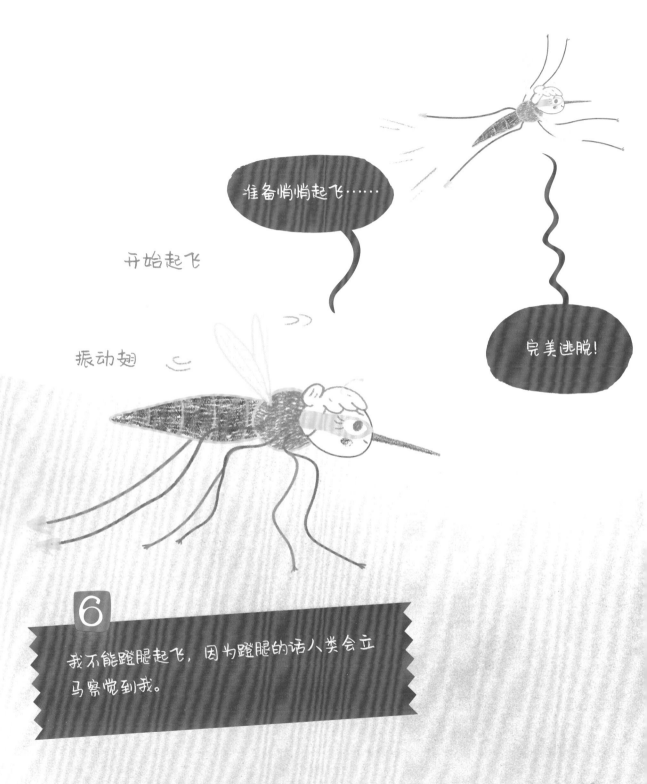

入侵行动：任务四完成

产卵

2天后

入侵行动：任务五完成

守护幼虫

1周后

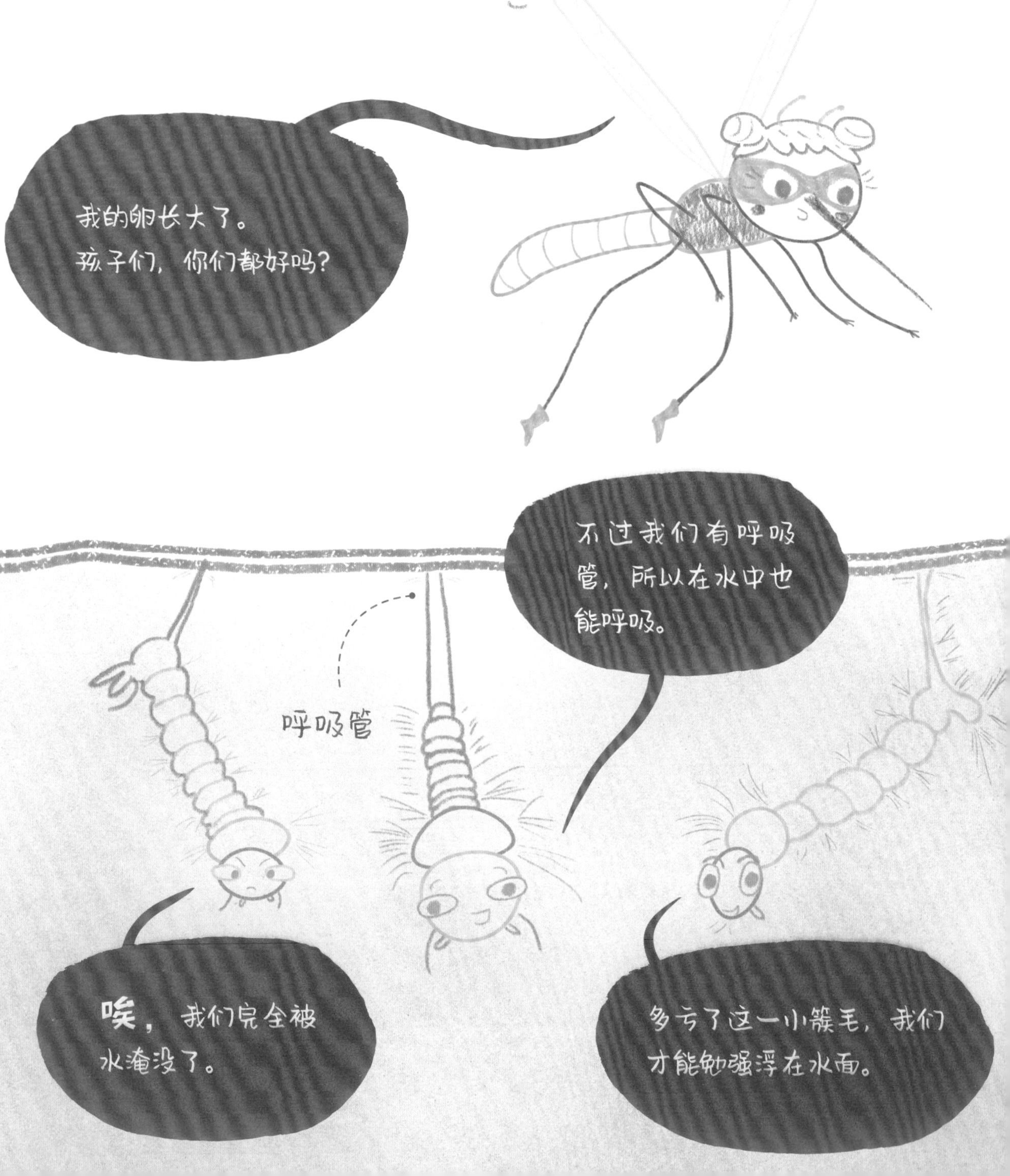
我的卵长大了。
孩子们，你们都好吗？
唉，我们完全被水淹没了。
呼吸管
不过我们有呼吸管，所以在水中也能呼吸。
多亏了这一小簇毛，我们才能勉强浮在水面。

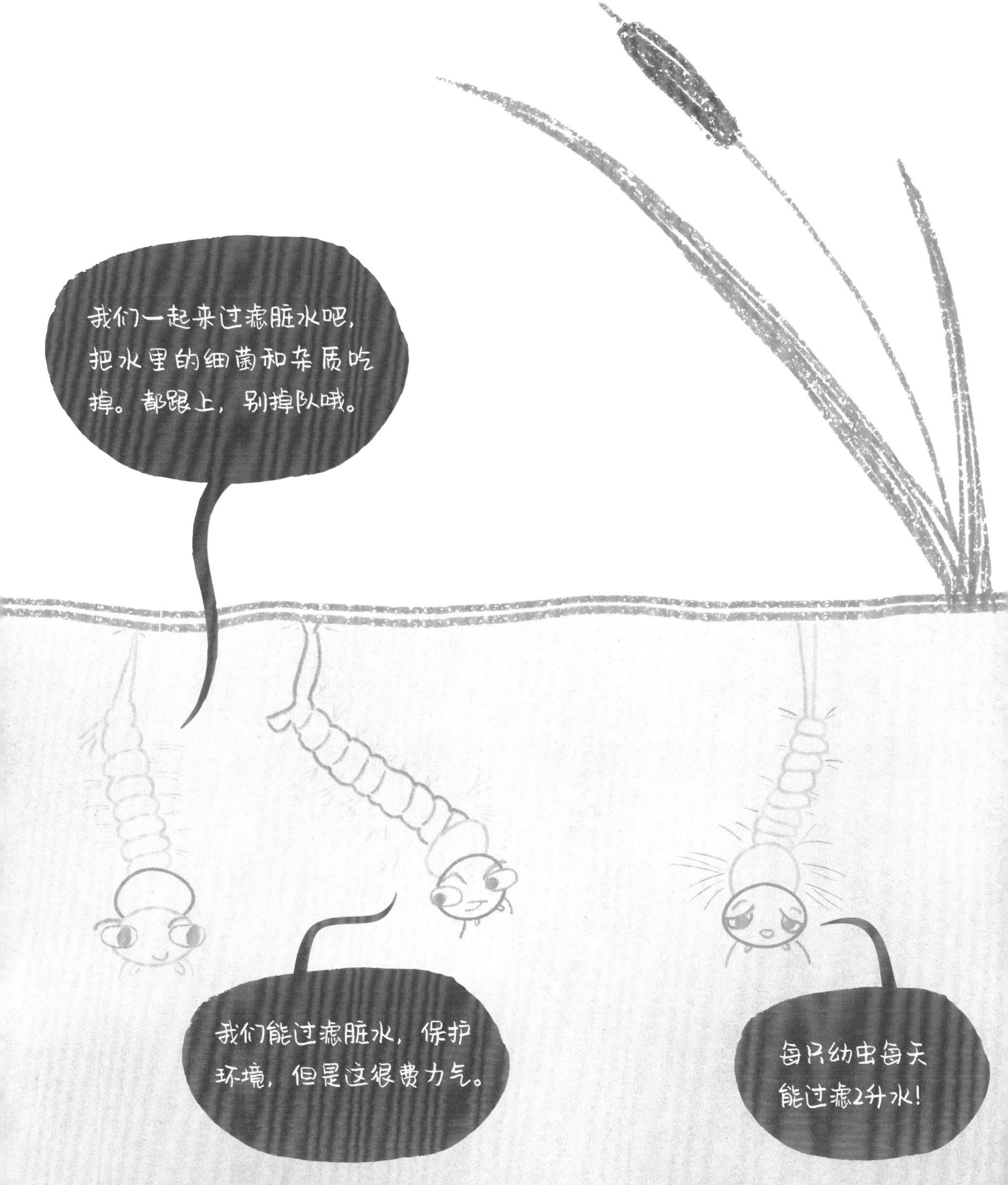
我们一起来过滤脏水吧，把水里的细菌和杂质吃掉。都跟上，别掉队哦。
我们能过滤脏水，保护环境，但是这很费力气。
每只幼虫每天能过滤2升水！

守护虫宝宝

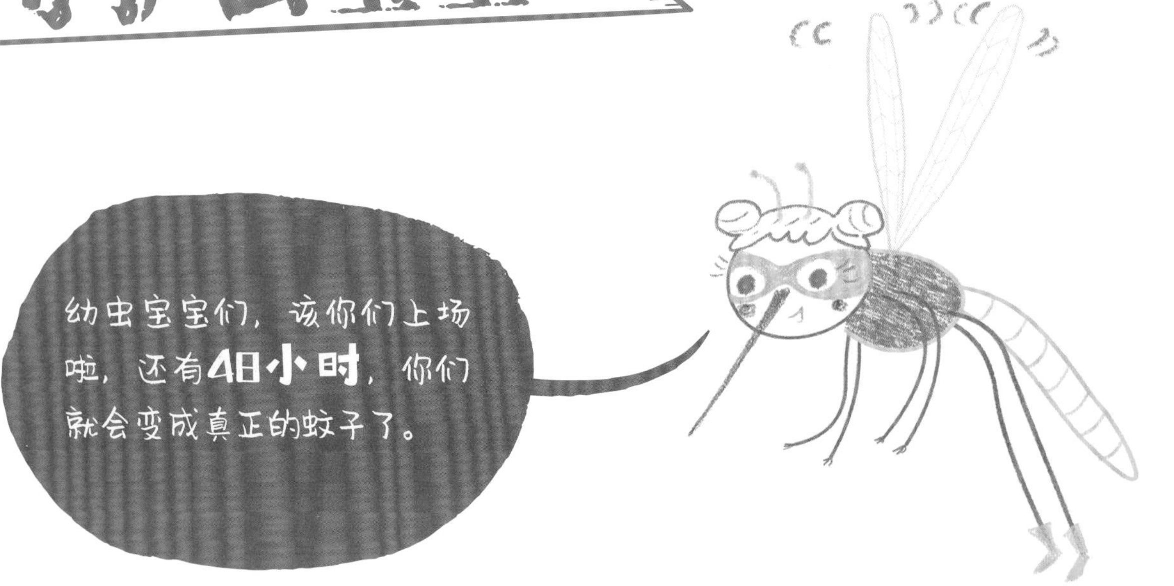
幼虫宝宝们，该你们上场啦，还有**48小时**，你们就会变成真正的蚊子了。

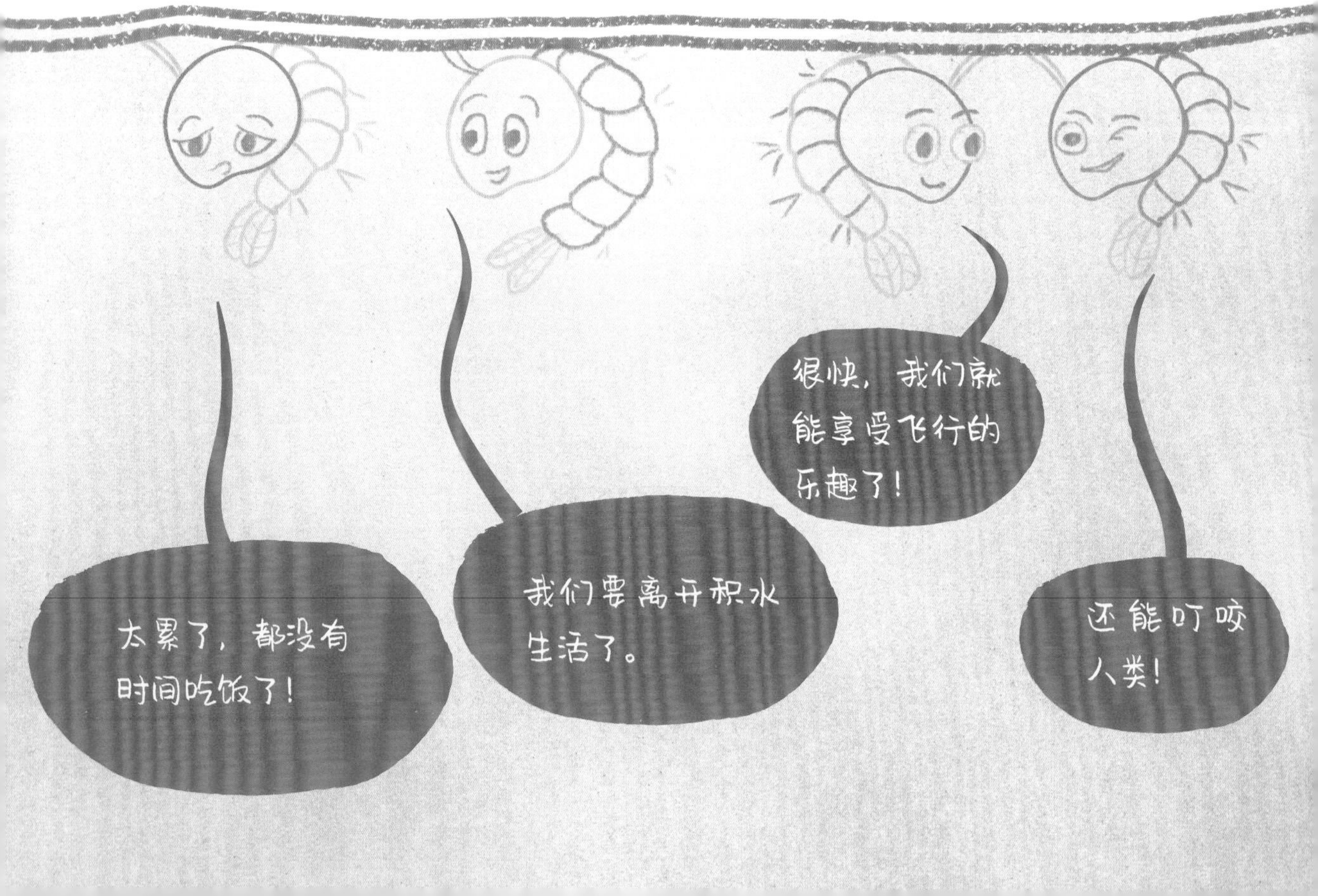
太累了，都没有时间吃饭了！
我们要离开积水生活了。
很快，我们就能享受飞行的乐趣了！
还能叮咬人类！

注意！
敌人来了！
蚊子的成长周期
成虫
卵
蛹
幼虫
我很高兴成为食物链的一部分，但好像有点危险……
啊啊啊啊！
不要吃我们，不要吃我们！
上周我们刚刚吃完垃圾……

入侵行动：任务六完成

培养新一代特工

敌人
蝙蝠
鱼
青蛙
鸟
壁虎
未来的特工们，你们已经学会了飞行，但是还要当心我们的敌人，它们一口就能把我们吃掉！看，这些就是我们的敌人！

头号敌人

敌人的武器库

练习一

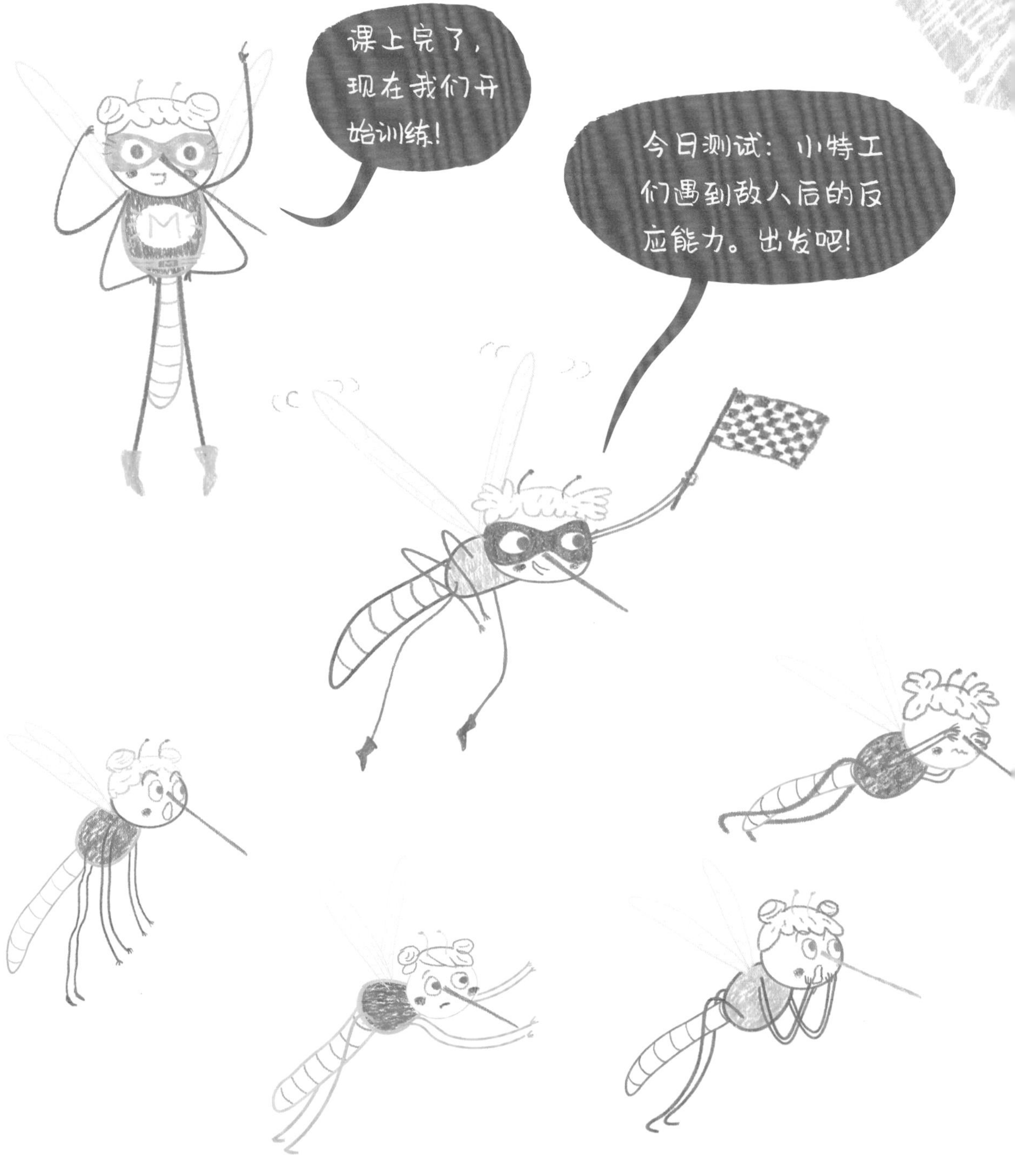

课上完了，现在我们开始训练！
今日测试：小特工们遇到敌人后的反应能力。出发吧！

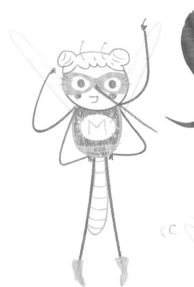

哇，美味的蚊子们，我一天能吃掉3000只。
啊啊啊啊！
快扇动你们的翅啊！你们扇动翅的频率比其他昆虫高4倍！

练习二

啪!
今日教训：假如你们飞得不够快，就会发生这样令“蚊”痛心的事情。

“入侵行动”成功！

母蚊子们表现得十分出色！我们的特工无处不在，所以人类对我们无能为力！
ASM
我们还有一个秘密武器！帕卢特工，你来给大家展示一下！
没问题，我们的秘密武器是：传播病毒！先叮咬一个携带病毒的人，像寨卡病毒、登革热病毒和基孔肯雅病毒等。
P
1
我吸入病毒。
寨卡病毒

八月
1 2 3 4 5 6
7 8 9 10 11 12
2
10天以后，它在我的体内发育成熟。
3
叮！我把这种病毒注入另一个人的血液里，这样他就会生病了！
哈哈哈哈，我们是大坏蛋！
P
M
M

在实验室里

看，我们这种神奇的物质能阻止蚊卵孵化。
=0个蚊子
蚊子就会变少了！
不要相信这个结果，因为我们会适应一切，包括人类发明的最厉害的产品。

P
M
M
ASM
M
M
M

来玩吧

这里有更多和蚊子相关的知识、游戏和趣味活动在等着你!

蚊子

看，在现实生活中，我长这个样子！

身份证

姓名：蚊子

家族：双翅目

大小：0.5～1.5厘米

食物：公蚊子吸食花蜜和树汁，母蚊子吸食血液。

生活场所：淡水和积水中

寿命：公蚊子2～3周，母蚊子最长能活6个月。

特点：只有母蚊子会叮咬吸血。

印记：

签名：
ASM
蚊子秘密机构

厉害的双翅目

有些蚊子可以在仅有一汤匙面积的积水里繁衍生息！

在芬兰的佩尔科森涅米市，人们每年都会举行杀蚊比赛！

在比赛中，人们要比谁能在5分钟内用手拍死最多的蚊子。目前比赛的最高纪录是拍死21只蚊子！

一滴雨比一只蚊子重50倍！但蚊子却能在暴雨中幸存下来。它有什么秘诀呢？这都要归功于它敏捷的身手和坚固的外骨骼，让它在飞行时能顺利避开雨滴，即使被雨滴砸中也不会被压碎！

采访

有关伊蚊小姐的3个问题

优秀的伊蚊小姐来自与众不同的蚊子家族——伊蚊家族。今天，伊蚊小姐将为我们讲述它的故事。

你为什么叫伊蚊呢？

因为我的身上有漂亮的条纹，颜色是黑白相间的！所以我也被叫作虎蚊。

你成功入侵的秘诀是什么？

伊蚊

我们的蚊卵抵抗力很强！它可以在没有水的环境里存活6个月，然后再孵化。所以，短短几年内，我们就入侵了北美洲、南美洲、欧洲和非洲。

你喜欢城市还是乡村？

当然是城市！对我们来说，城市很完美，这里气温稳定，捕食者很少，也有更多人类可以让我们叮咬，而且有许多适合产卵的地方。无论在白天还是在黑夜我们都能咬人，这是我们蚊子家族的特长！

对还是错？

关于蚊子的测验

1.所有的蚊子都会叮咬人类。

对○ 错○

2.母蚊子发出的声音是世界上最烦人的声音之一。

对○ 错○

3.公蚊子的触角长得像羽毛。

对○ 错○

4.蚊子会被光线吸引。

对○ 错○

5.蚊子只会制造麻烦！

对○ 错○

答案：

1、错。只有母蚊子咬人，而公蚊子喜欢吸食花蜜和树汁。

2、对。母蚊子发出难听的“嗡嗡”的声音，让夏天的夜晚成为噩梦！嗡嗡声吸引了公蚊子的注意力，同时也吸引了你的注意力。

3、对。公蚊子触角上的绒毛能帮助它们找到母蚊子。

4、错。是你身体散发出的气味吸引了它们。无论有没有光，它们都能找到你！

5、错。蚊子是许多动物和植物的食物。公蚊子还能帮助植物授粉，蚊子幼虫的特长是过滤水。蚊子是食物链和生态系统重要的一部分！

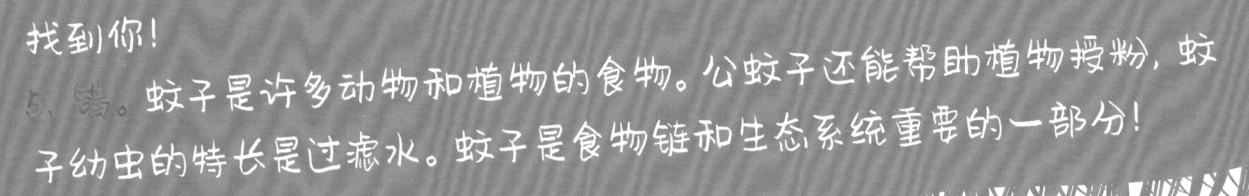

测试

你是受蚊子喜爱的叮咬对象吗？

1.在夏天，你经常穿着：

- 深色衣服
- 浅色衣服
- 什么都不穿

2.在夏天，你最喜欢做什么运动？

- 游泳
- 踢足球
- 在家躺着

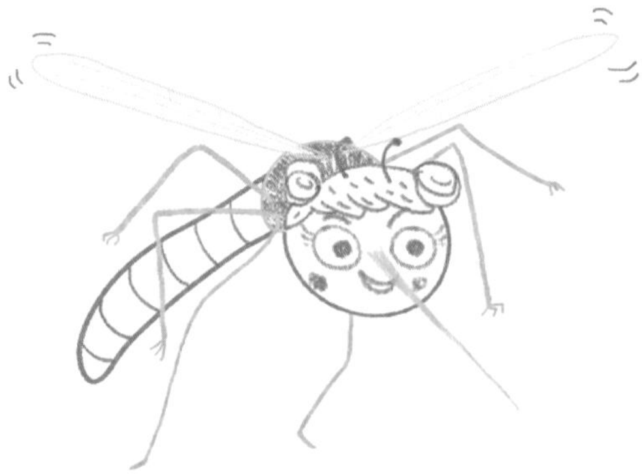

3.在夏天，你喜欢怎么散步？

- 光着脚丫子，不穿鞋
- 穿着拖鞋
- 穿运动鞋

4.今天下午，你计划做什么？

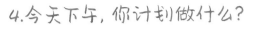

- 给蚊子幼虫做蛋糕
- 在躺椅上阅读最喜欢的书
- 绕着花园单脚跳5圈

5.你的生活里不能没有：

- 奶酪
- 洗澡
- 蛋糕

答案

最多。蚊子不喜欢你。

太好了，你的一切都让蚊子不舒服！穿着运动鞋和白色T恤，躺在吊床上喝石榴汁吧。不过记住，千万别在吊床上摇晃，不要让自己出汗，要不就会把蚊子招来！

最多。蚊子很喜欢你。

在夏天的时候，你是不是离不开人字拖鞋？但是这样蚊子就会在你的脚趾间嗅来嗅去哦！你还喜欢裸睡？那你就大概率是蚊子攻击的对象啦。

最多。蚊子疯狂地喜欢着你。

你是它们的完美目标！如果你是奶酪迷，喜欢穿深色衣服，每隔三天才洗个澡，母蚊子们一定都会被你诱惑。小心，你要被蚊子们包围了！

蚊子纪录

一只母蚊子一次可以产大约300个卵，要享用好几顿鲜血大餐！

蚊子的头能支撑住1000多只蚊子的质量，而且还能飞起来，这多亏了它坚固的外骨骼！

蚊子每次叮咬人的时间不会超过3秒！它的触角能发现70米外的猎物！

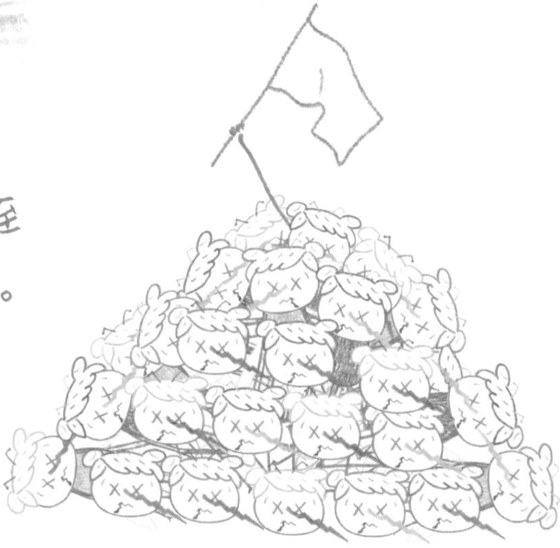

如果没有水，一些蚊卵甚至可以在孵化前存活5~10年。

糊里糊涂的蚊子

这里的蚊子好多呀！快点在下面的表格里找到能消灭蚊子的动物天敌吧。

大	象	蓬	血	液	云	壁	苍
风	火	狗	浆	飞	老	虎	蝇
汽	车	海	鸥	机	鹰	蛇	花
雨	蝙	蝠	翅	向	日	葵	生
霸	王	龙	膀	企	青	草	原
海	蜜	蜗	牛	鹅	蛙	莓	海
藻	蜂	保	龄	球	兔	子	豚
奶	牛	袋	鼠	柠	檬	蘑	菇

小窍门

顶级机密

哎哟！

5个止痒秘诀

你的肿包是不是痛痛的、痒痒的？用这些东西擦一擦，它们能帮你消肿，可能会让你舒服一些。

1 冰块

3 柠檬

2 香皂

4 苹果醋

5 几滴薰衣草精油

画一画

请画出你认为的最坏、最丑的蚊子

ASM
蚊子秘密机构

游戏答案:

糊里糊涂的蚊子：青蛙、壁虎和蝙蝠

蚊子
太神奇了!

P
M
ASM

我们的探险开始啦!

谨以此书献给马哈特，他对蜜蜂非常好奇。

——克莱曼斯

谨以此书献给齐亚和马里楼，他们喜欢探索自然奇观。

——阿丽亚娜

版权贸易合同登记号 图字：01-2021-2362

图书在版编目（CIP）数据

嗨，你看见我了吗？.小小的蜜蜂 / (法) 阿丽亚娜·梅拉齐尼, (法) 克莱曼斯·萨巴格著；(法) 塞西尔·邦邦绘；景韵润等译. -- 北京：电子工业出版社, 2022.1

ISBN 978-7-121-42182-2

Ⅰ. ①嗨… Ⅱ. ①阿… ②克… ③塞… ④景… Ⅲ. ①蜜蜂—儿童读物 Ⅳ. ①Q-49

中国版本图书馆CIP数据核字(2021)第203996号

责任编辑：张莉莉
印　　刷：天津海顺印业包装有限公司
装　　订：天津海顺印业包装有限公司
出版发行：电子工业出版社
　　　　　北京市海淀区万寿路173信箱　　邮编：100036
开　　本：787×1000　1/16　印张：14　字数：93.6千字
版　　次：2022年1月第1版
印　　次：2022年1月第1次印刷
定　　价：140.00元（全4册）

参与此书翻译的还有：马巍。

凡所购买电子工业出版社图书有缺损问题，请向购买书店调换。若书店售缺，请与本社发行部联系，联系及邮购电话：（010）88254888，88258888。

质量投诉请发邮件至zlts@phei.com.cn，盗版侵权举报请发邮件至dbqq@phei.com.cn。

本书咨询联系方式：（010）88254164转1835，zhanglili@phei.com.cn。

小小的蜜蜂

嗨，你看见我了吗？

[法]阿丽亚娜·梅拉齐尼 [法]克莱曼斯·萨巴格 著
[法]塞西尔·邦邦 绘 景韵润 等译 常凌小 审

電子工業出版社
Publishing House of Electronics Industry
北京·BEIJING

一亿年前，

小蜜蜂们就在地球上安家了，

它们每天24小时不停地工作。

小蜜蜂们对维护地球家园的

生物多样性非常重要。

今天，

它们想邀请你一起外出探险！

蜜蜂

欢迎来到小蜜蜂的神奇

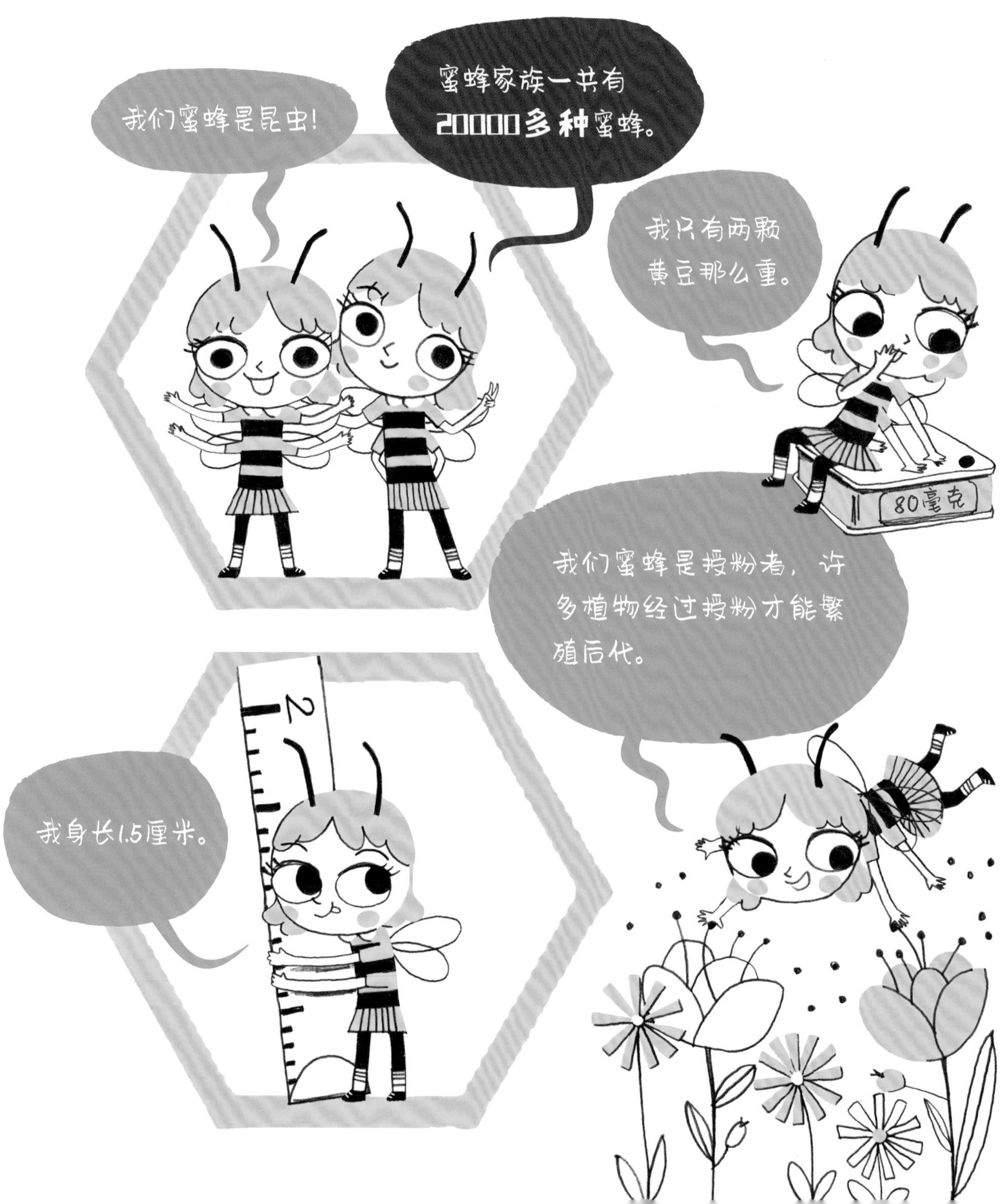
我们蜜蜂是昆虫!
蜜蜂家族一共有20000多种蜜蜂。
我只有两颗黄豆那么重。
80毫克
我们蜜蜂是授粉者，许多植物经过授粉才能繁殖后代。
我身长1.5厘米。
2

世界

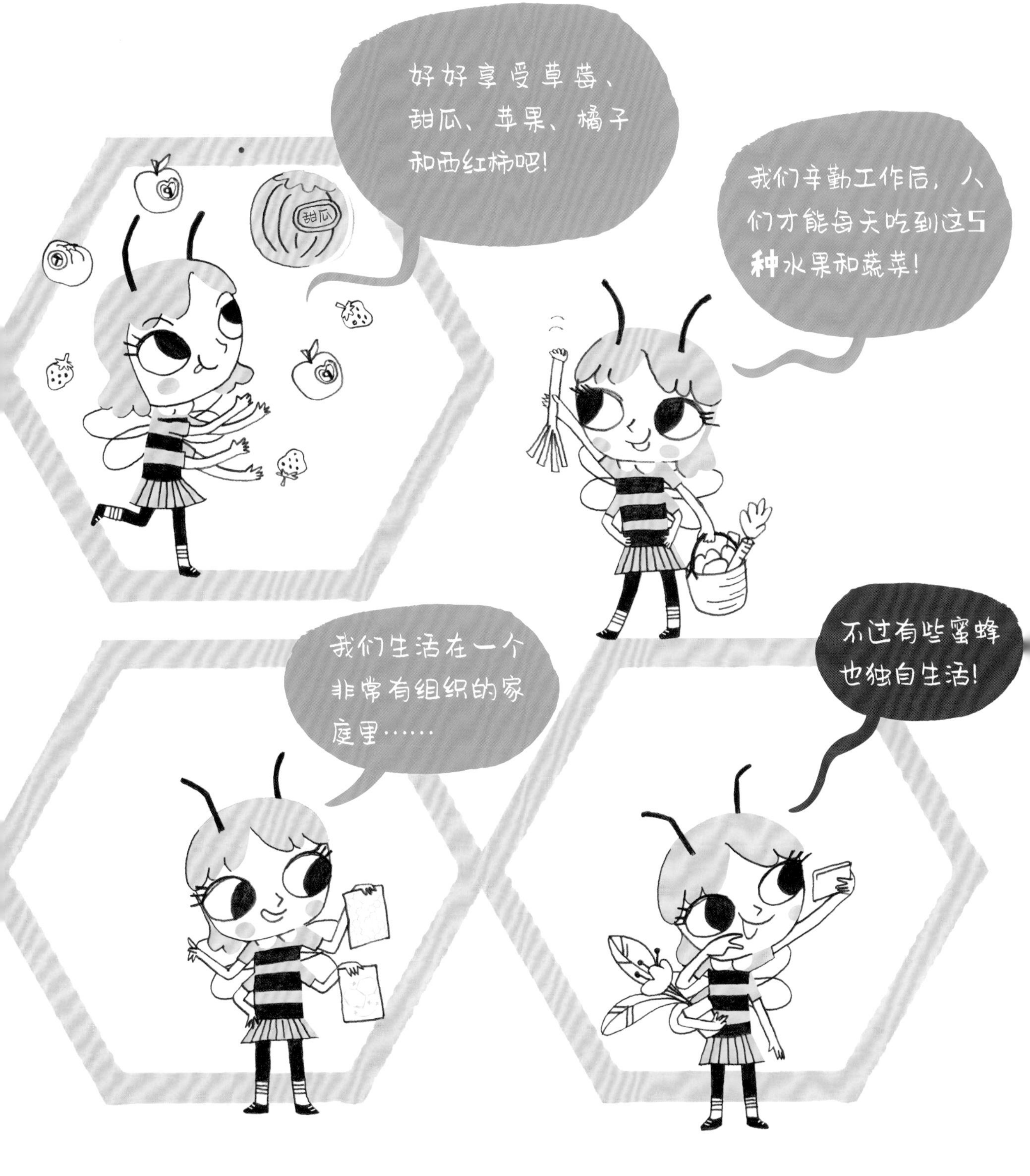

好好享受草莓、甜瓜、苹果、橘子和西红柿吧!
甜瓜
我们辛勤工作后，人们才能每天吃到这5种水果和蔬菜!
我们生活在一个非常有组织的家庭里……
不过有些蜜蜂也独自生活!

探险装备

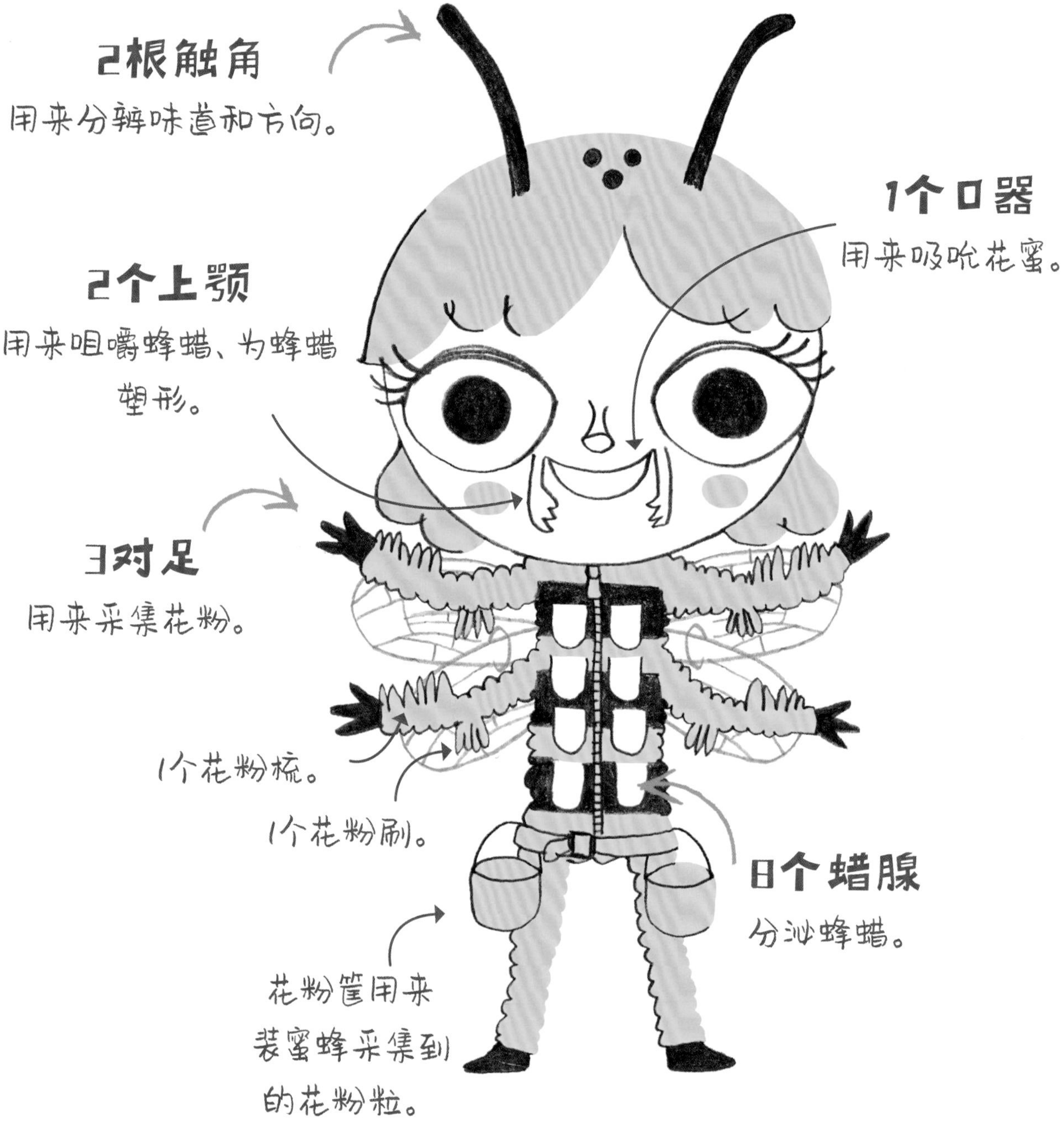

2根触角
用来分辨味道和方向。
1个口器
用来吸吮花蜜。
2个上颚
用来咀嚼蜂蜡、为蜂蜡塑形。
3对足
用来采集花粉。
1个花粉梳。
1个花粉刷。
8个蜡腺
分泌蜂蜡。
花粉筐用来装蜜蜂采集到的花粉粒。

3只小小的单眼
用来捕捉光。
2只大大的复眼
用来观察前后左右。
2对透明的翅
在飞行中紧紧地贴在一起，避免振荡。
1个蜜囊
用来储存花蜜。
1根螯针
用来保护自己。
一身毛茸茸的、黑黄相间的条纹衣服。

蜜蜂团队

新朋友们，你们好，欢迎加入蜜蜂团队！“我要蜂蜜”探险正式开始啦！在这里你们每天都会听到嗡嗡的声音，这是我们蜂巢里60000只蜜蜂发出的声音。我们蜜蜂团队将分成3个探险小组。
唯一的蜂王。
最大的蜜蜂。
它是蜜蜂团队里唯一能正常产卵的雌性蜜蜂，每天能产2000粒卵。

蜂　王

它是我们所有蜜蜂的妈妈。

雄 蜂

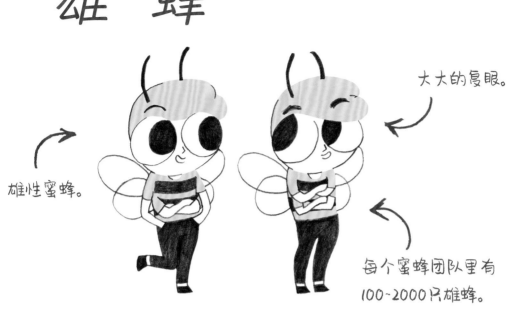

大大的复眼。
雄性蜜蜂。
每个蜜蜂团队里有
100~2000只雄蜂。

工 蜂

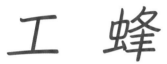

我们的任务是：
不停地工作！
每个蜜蜂团队
里有好几万只
工蜂。
确保蜂巢一切
正常。
工蜂一生会更
换7次工作。
CIRE

探险计划

首先，请参观我们舒适的家——蜂巢。

蜂巢外面的蜂箱是由养蜂人建造的，这样他们就能更方便地收获蜂蜜了。

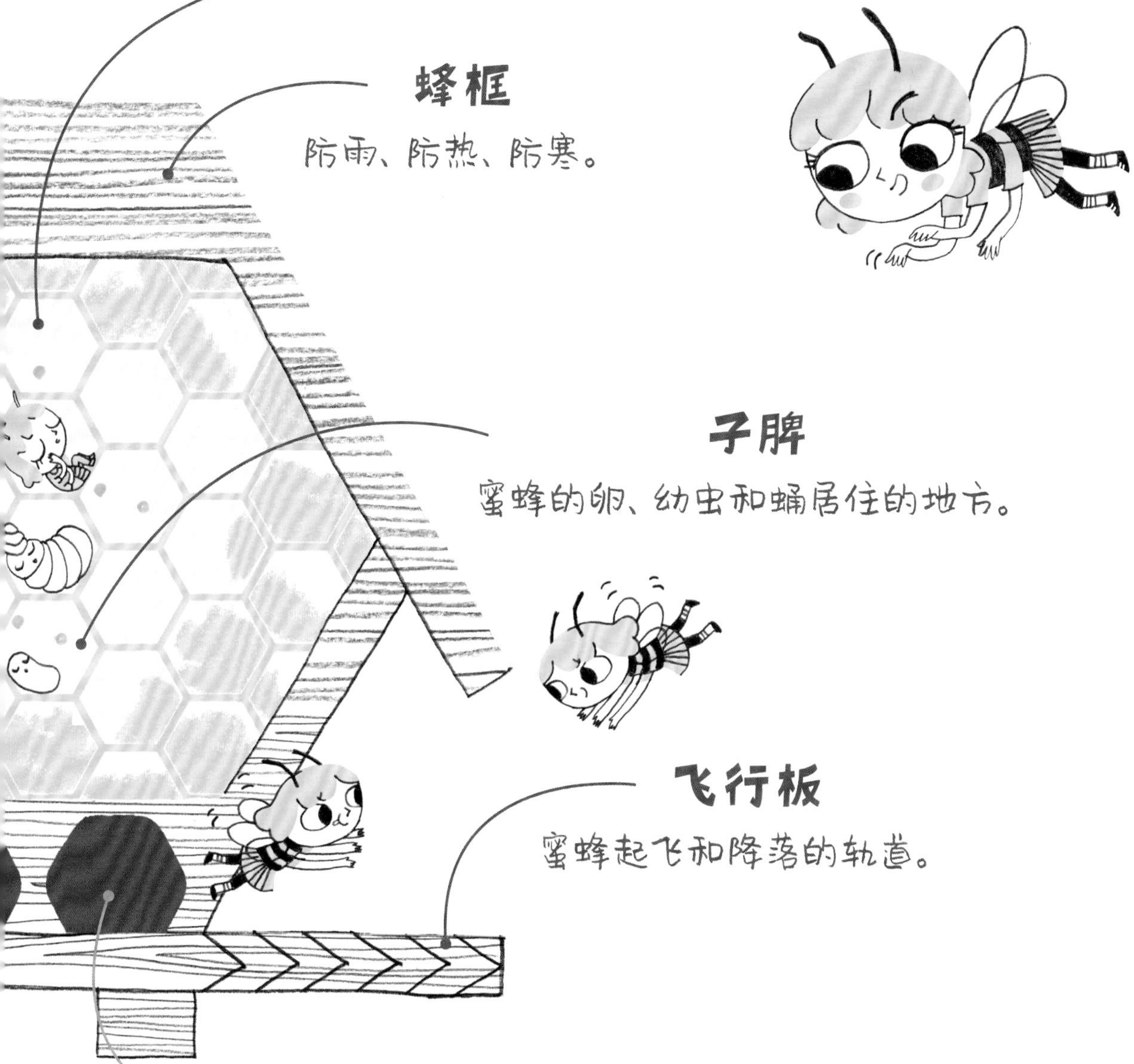

蜂房
蜂王产卵的地方，也用来贮藏蜂蜜和花粉。
蜂框
防雨、防热、防寒。
子脾
蜜蜂的卵、幼虫和蛹居住的地方。
飞行板
蜜蜂起飞和降落的轨道。
蜂巢口
蜜蜂出入蜂巢的大门。

“我要蜂蜜”探险

我为你们准备了好玩的闯关游戏！一起来寻宝吧！

第1周

3个工作日

清洁工

·打扫整个蜂巢

·打扫蜂房

4~12个工作日

哺育员

·哺育蜜蜂宝宝

·烹饪

·照顾蜂王

第2周

2个工作日

建筑师

·模型制作

·建造蜂房和蜂巢

4个工作日

温度调节员

·运动：振动翅膀练习

第3周

3个工作日

温度调节员

·科学实验：调节蜂巢温度

2个工作日

门卫

·进行安保工作

·发动进攻

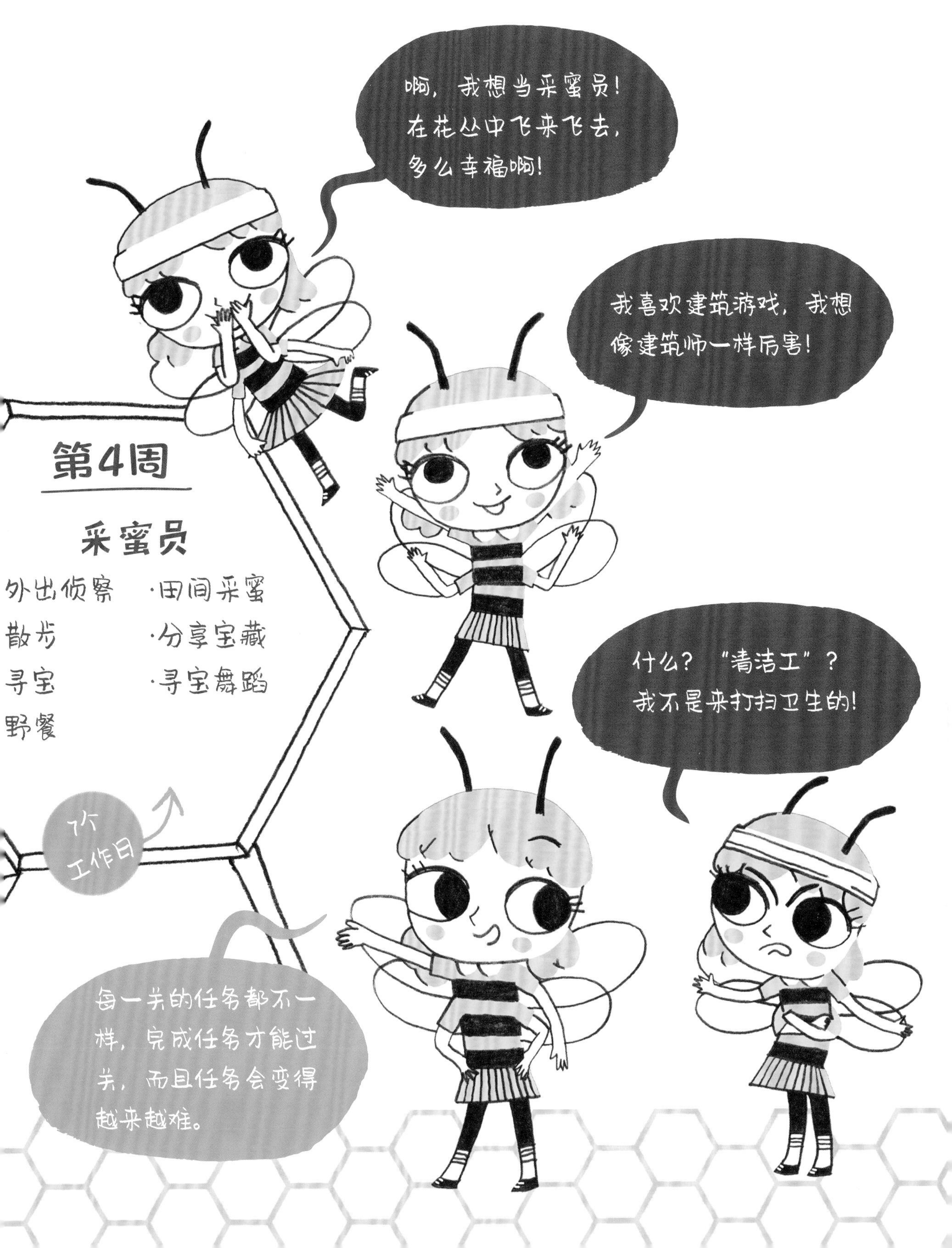

啊，我想当采蜜员！在花丛中飞来飞去，多么幸福啊！
我喜欢建筑游戏，我想像建筑师一样厉害！
什么？“清洁工”？我不是来打扫卫生的！
第4周
采蜜员
外出侦察
散步
寻宝
野餐
·田间采蜜
·分享宝藏
·寻宝舞蹈
7个工作日
每一关的任务都不一样，完成任务才能过关，而且任务会变得越来越难。

任务1清洁工
打扫是你们的第一个任务！
蜂王要在蜂房里产卵，所以这里要时刻保持干净整洁。
40:00
开始工作吧！你们以30名为一组打扫蜂房，有40分钟的时间，要把这个蜂房里的蜂蜡碎、花粉碎和其他污垢打扫干净。

太棒啦！你们把这间蜂房打扫得真干净！
啊，原来才打扫完了一间蜂房呀！
现在只需要再擦一擦，蜂房就闪闪发光了。然后你们就可以打扫下一间啦。
啊，还有几万间蜂房在等着我们呢……
任务完成

任务2 哺育员

“我要蜂蜜”探险 婴儿室

这周，你们的主要任务是照顾蜂巢子脾里的蜜蜂宝宝们，并给它们喂食。
因为蜂王在产卵，所以没办法做这些工作。
瞧，这是我刚刚产出的一粒蜂卵，我今天还会再产1999粒。
正在产卵的蜂王

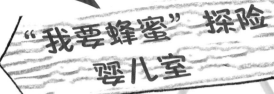

来吧，把门关上，12天以后它们就会变成小蜜蜂啦。
蜂蛹
第10~21天
蜜蜂幼虫
第4~9天
蜂卵
第1~3天

你们准备好参加烹饪小组了吗？
蜜蜂幼虫的营养菜单：一碗混合了蜂蜜、花粉和花蜜的美味的粥。特别好吃！
在这里，我们为蜜蜂宝宝们提供专业的服务。蜜蜂宝宝在这一周能吃1000多顿美食。

我们还会进行7000多次检查，确保这里一切都好。
接着，准备好神奇“药水”，在蜜蜂宝宝出生后的前3天发给它们。
100%
富含维生素
蜂王浆
蜂王浆
蜂王浆
任务完成

任务 3 建筑师

完成前两星期的探险任务之后，你们的蜡腺就会开始分泌蜂蜡。有了它，你们就能成为蜂巢的建筑师啦。建筑师的工作是建造和修缮蜂巢！

看看建造步骤吧……

1. 把蜂蜡揉软
2. 再把它们和口水混合在一起
3. 建造蜂房
4. 建造整个蜂巢

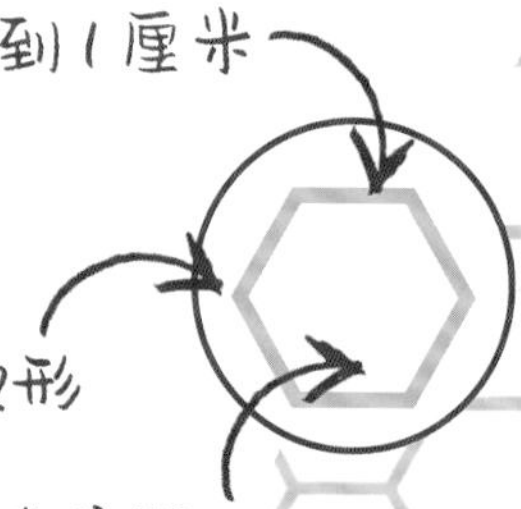

来吧，来排成一列，传递蜂蜡，吃蜂蜜补充能量！
1个蜂巢
=
1千克蜂蜡
=
90000间蜂房
=
4000000片蜡鳞
=
80000个工作小时
=
出色的团队合作！
10千克蜂蜜
救命啊！
任务完成

任务4温度调节员
再快一些，工蜂们！振动翅膀！让空气流动起来。
调节蜂巢的温度，让蜂巢的温度保持在34℃。
好的，我们知道了。通风良好，才能更好地贮存蜂蜜！
任务完成

任务5门卫
你们是新来的门卫吗？请保持警惕，敌人正在想方设法偷走我们的蜂蜜。
危险，准备战斗！拉响警报，刺向敌人！
禁止入内
我闻到入侵者的气味了！
任务完成

任务 6 采蜜员
慢一点儿！在采蜜之前，我们要先侦察一下四周。
哎呀，我们成为采蜜员了！这是我第一次从蜂巢出来！
出来以后，你要知道怎样才能回到蜂巢！
这太简单了！用我的“导航系统”就能找到蜂巢。我先要确定自己的位置，然后利用太阳辨别方向。

到处都是花！田野里，花园里，大树上……
花儿们的颜色吸引着我们，我们到啦！
嘿嘿，我的飞行速度是每小时30千米。
任务完成

寻找宝藏

蜂胶

- 是一种黏性物质
- 我们采集树木新生的芽上分泌的树脂
- 我们用蜂胶来堵住蜂巢里的小孔

花蜜

- 是一种甜甜的液体
- 花蜜藏在花朵的蜜腺里
- 我们采集花蜜来制作蜂蜜

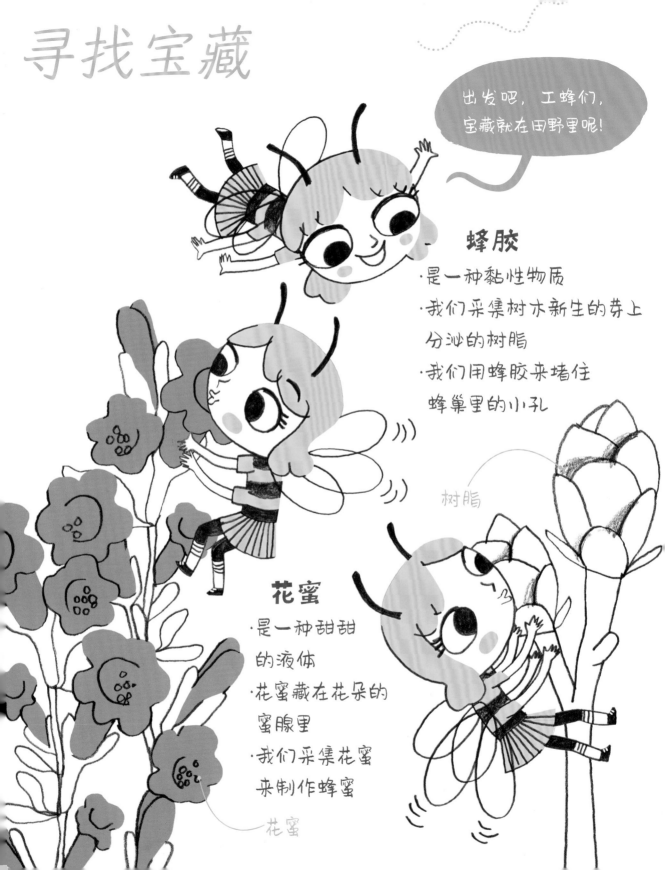

蜜露

- 是一种含糖的胶状液体
- 是蚜虫的“便便”
- 在针叶树和落叶树的叶子上
- 我们采集蜜露来制作蜂蜜

花粉

- 是很小很小的颗粒
- 在花朵的雄蕊上
- 花粉是蜜蜂和蜜蜂宝宝的食物

野餐

我找到了，我找到了花粉！
然后把这朵花的花粉传到另一朵花上让它受精。
好啦，授粉任务完成了！今年夏天会有美味的水果和蔬菜享用啦！

我用花粉梳和花粉刷一下子就把花粉粒收集起来了。看，我把它放到花粉筐里啦！
我吸到花蜜了！真香呀！
我要把花蜜吸进我的特殊“装备”——蜜囊！我的蜜囊能装70毫克的花蜜，几乎和我一样重。
所有人都找到了宝藏，那么我们就返回蜂巢吧！

分享宝藏

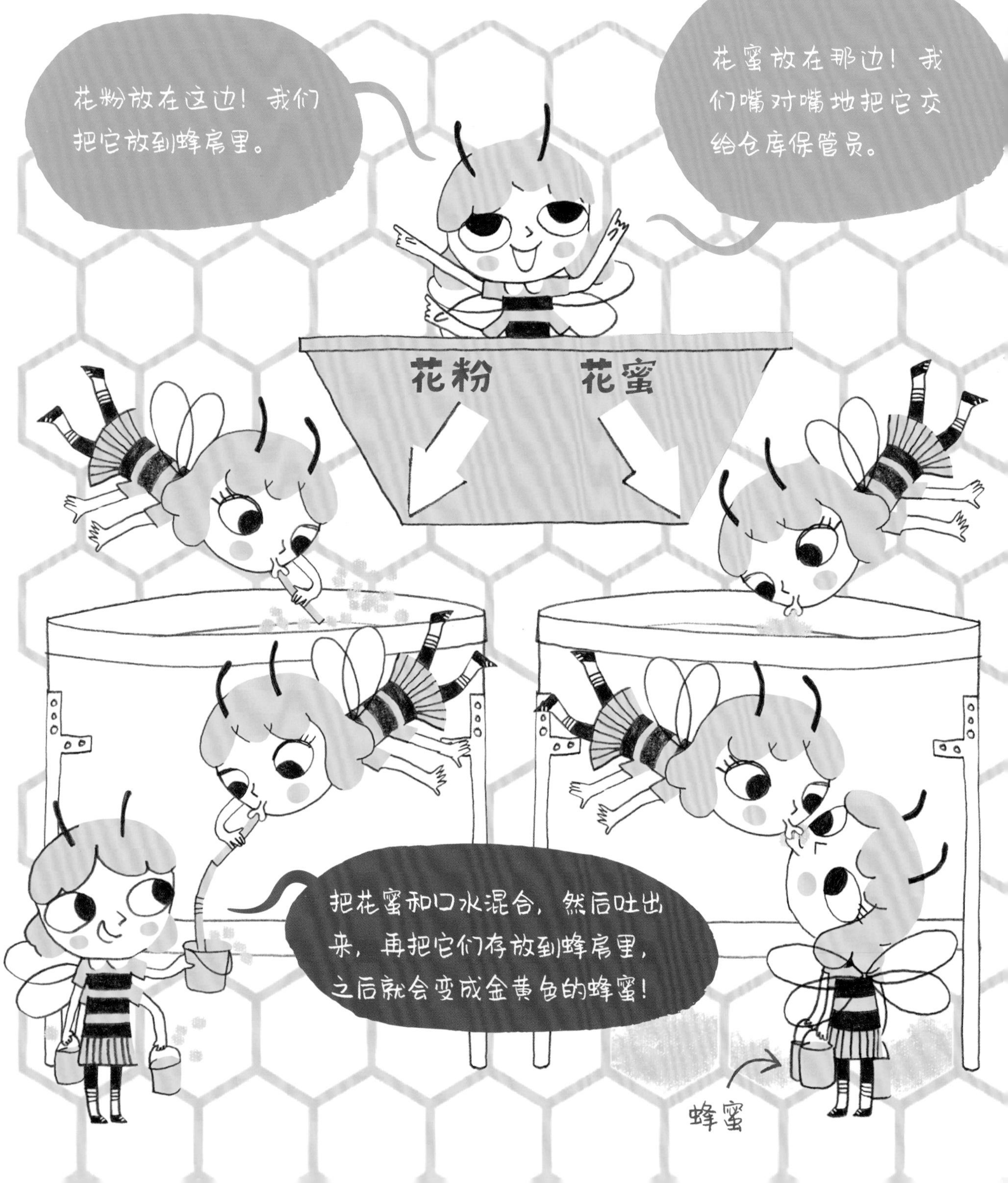
花粉放在这边！我们把它放到蜂房里。
花蜜放在那边！我们嘴对嘴地把它交给仓库保管员。
花粉
花蜜
把花蜜和口水混合，然后吐出来，再把它们存放到蜂房里，之后就会变成金黄色的蜂蜜！
蜂蜜

寻宝舞蹈

想知道我们在哪里找到的宝藏吗？看看我们的寻宝舞蹈然后猜猜吧。
当我们快速地转圈时，就说明宝藏离我们不到100米哦。
哈哈
当宝藏距离我们超过100米时，我们就会跳“8字舞”。我们还有厉害的“定位系统”，用它来互相通知宝藏的具体位置。

颁奖典礼

工蜂们，你们太棒啦！你们已经完成了自己的探险任务，做完了所有的工作！
恭喜你们获得了传说中的黄金工蜂证书！
黄金工蜂证书
黄金工蜂证书
黄金工蜂证书

分蜂

女王，工蜂的人数实在太多了，让它们分开工作吧。
工蜂们踏上了新的探险之旅。
嗡嗡嗡嗡嗡嗡
新的探险开始啦！
呜呜呜呜呜
带着你们的食物去建造新的蜂巢吧！

怎么培育新蜂王呢？

1. 建造10~30个蜂王蜂房

2. 等待老蜂王在这些蜂王蜂房里产卵

3. 给蜂王幼虫喂16天的蜂王浆

4. 等待新蜂王发出第一声“嗡嗡嗡”

蜂王嗡嗡叫了，它出生了，蜂王万岁！
蜂王有5年的寿命
其他的蜂王蛹呢？唉，很可惜，因为我们只能有一个蜂王，所以其余的蜂王蛹都会变成工蜂。
太香了！整个蜂巢里都弥漫着香气！
蜂王浆
这是我们的身份识别标志。

皇家舞会

蜂王出生一周后，天气格外晴朗的某天……

我是最漂亮的蜜蜂，所以我可以和雄蜂跳舞。今天是我第一次离开蜂巢，我的身上香香的，这是为了吸引雄蜂！
今天我有15个情人，已经足够我完成一生的产卵任务了。
嗡嗡嗡嗡嗡

再见了，雄蜂们！

不久之后，秋天到了……
冬天到来以后，我们就不能采蜜了，所以我们的粮食就会开始减少。
我们实在没办法养活所有的蜜蜂，而且必须为勤劳的工蜂提供食物！所以你们这些雄蜂懒虫，从蜂巢里出去吧！
可是……没有你们，我们什么也做不了，我们要怎么活下去呢？
我们不会自己觅食，而且我们没有保护自己的蜂针！
呜呜呜……我们会饿死的……

探险结束

我们的探险是为了生命，大自然还对我们说了谢谢！
因为我们帮助大自然里70%的花朵传粉。
但是，我们的生存正面临着前所未有的威胁！
杀虫剂在伤害我们，它让我们生病，还伤害了我们觅食的花朵。

如果我们消失了，地球上就再也没有水果和蔬菜了。人类只能吃大米、小麦和玉米。
我们需要你们的帮助！
寄生虫、细菌、病毒和亚洲大黄蜂们都来攻击我们的蜂巢，它们会把我们杀死的。
请多吃绿色食品吧。
请多种植我们喜欢觅食的花朵吧！

蜜蜂万岁！

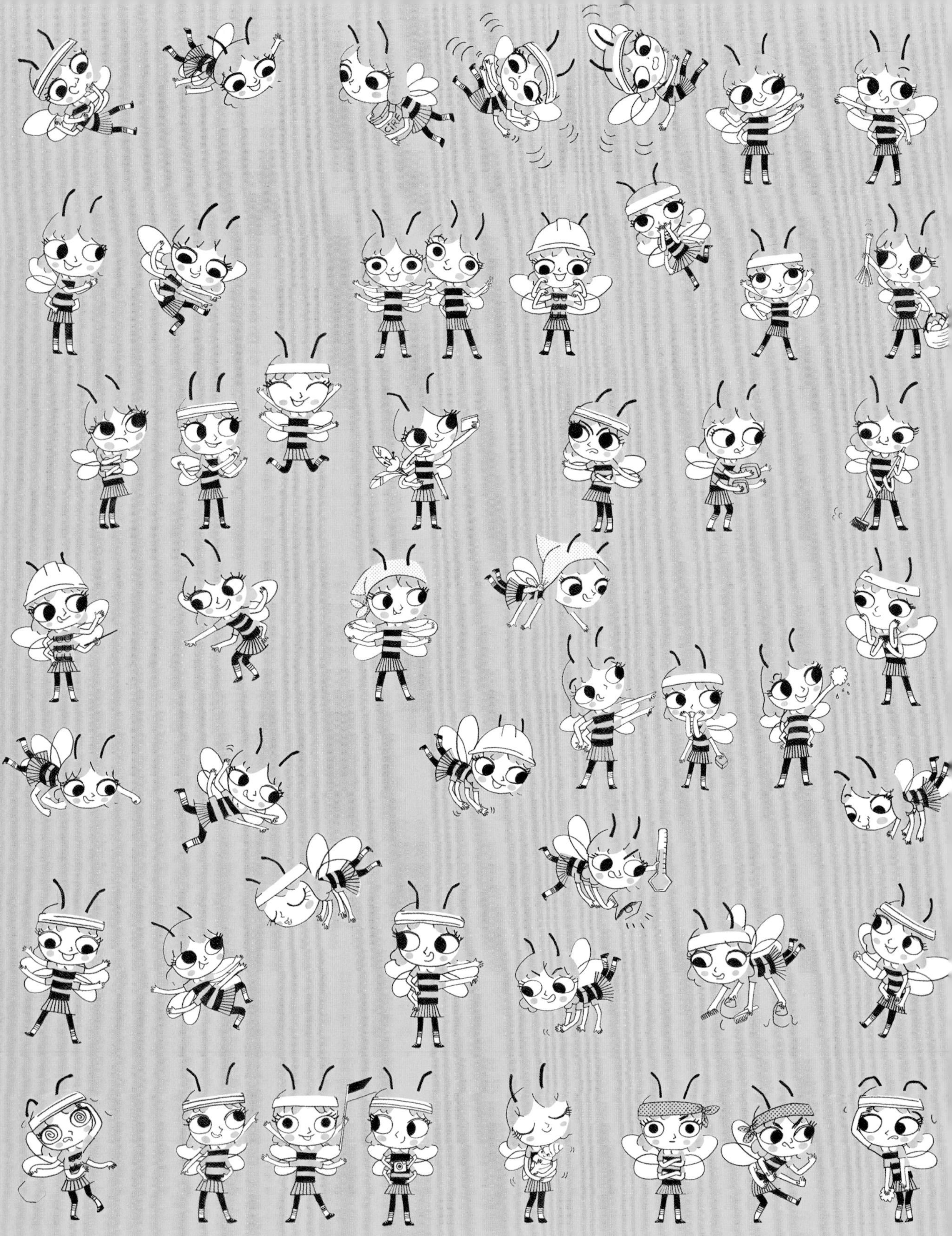
CIRE

来玩吧

这里有更多和蜜蜂相关的知识、
游戏和趣味活动在等着你！

蜜蜂

身份证

名字：西方蜜蜂

家族：膜翅目

大小：1~1.5厘米

食物：花蜜、花粉、蜜露、水

生活场所：蜂巢

寿命：工蜂6周（冬天之前出生的工蜂有5~6个月的寿命），蜂王3~5年

特点：非常有组织的群居生活

印记：

签名：

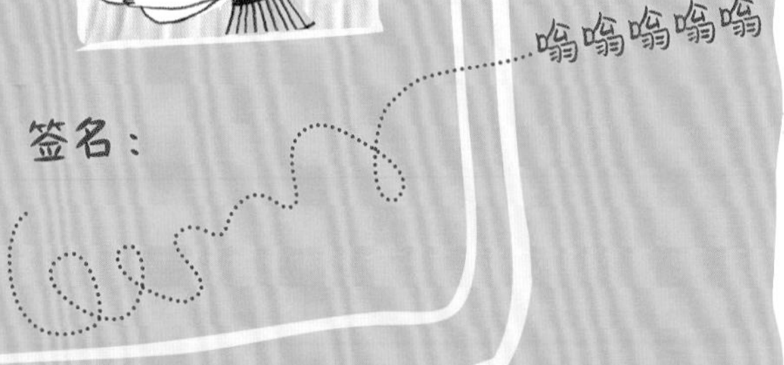

蜜蜂和朋友们

我们蜂类家族成员长得都很像，不要弄混了哦。

蜜蜂	胡蜂	熊蜂
我有很多绒毛。	我身上没什么毛。	我从头到脚都是毛茸茸的。
我的身体是棕栗色的。	我的身上有黑黄相间的条纹。	我很壮。
我又小又胖。	我的腰很细。	我的螫针很光滑。
用螫针刺别人后，我就会死掉。	我用螫针后不会死掉。	我也会采蜜。
我是素食者。	我爱吃肉。	我在地下筑巢。

动动小手吧

独居蜜蜂正在寻找一个舒适的小窝来产卵

为独居的蜜蜂做一个巢

独居蜜蜂授粉的效率比生活在蜂巢的蜜蜂更高，但是它现在遇到了困难，你能帮帮它吗？

你的任务： 为它建造一个舒适的巢

你需要：

*一个干净的空罐头盒
*黏土
*一些和罐头盒的高度一样的茎秆（竹子、芦苇、荆棘或玫瑰枝）

1/

在罐头盒内的底部涂上一层厚厚的黏土。

黏土

2/

将这些茎秆竖直插入盒子底部的黏土里。

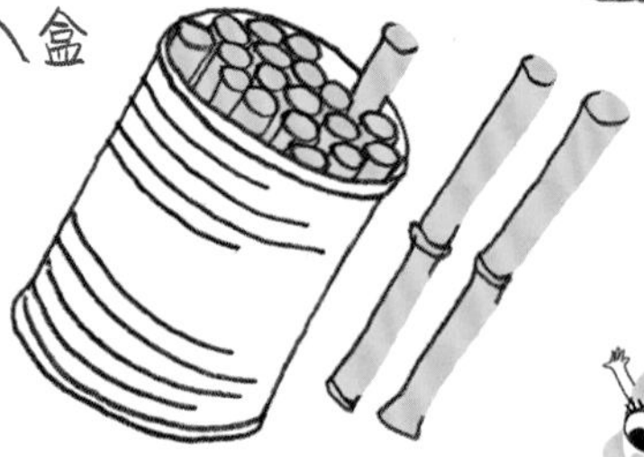

3/

把你做的巢挂在花园里、阳台上或者窗边。当发现小孔被堵住的时候，说明蜜蜂已经在这里产卵啦。

任务完成！

不要让它遭受任何风吹雨淋
让它晒晒太阳
距离地面0.5～3米

从蜂巢中获得健康

在很久很久以前，埃及人和印加人就发现蜂巢是真正的“急救箱”！

蜂蜜

促进伤口愈合，缓解喉咙痛和咳嗽，还可以在运动前为你补充能量！

蜂王浆

可以提高人体免疫力。
好身体万岁！

蜂胶

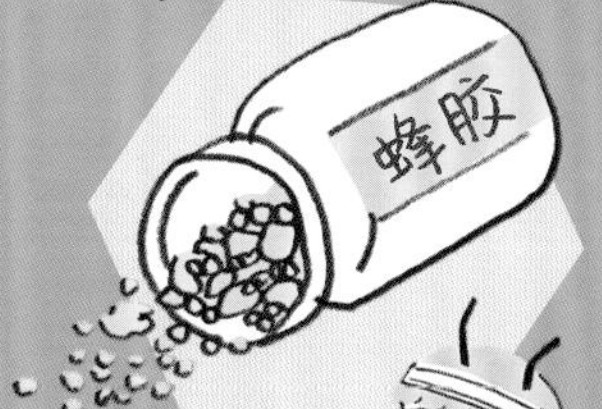

对抗细菌的强大武器！
药片、喷雾剂和糖浆中都有蜂胶。

蜂蜡

使用经过加工的蜂蜡会让皮肤变得滋润光滑！我们也用它来制造软膏和栓剂。

蜂毒

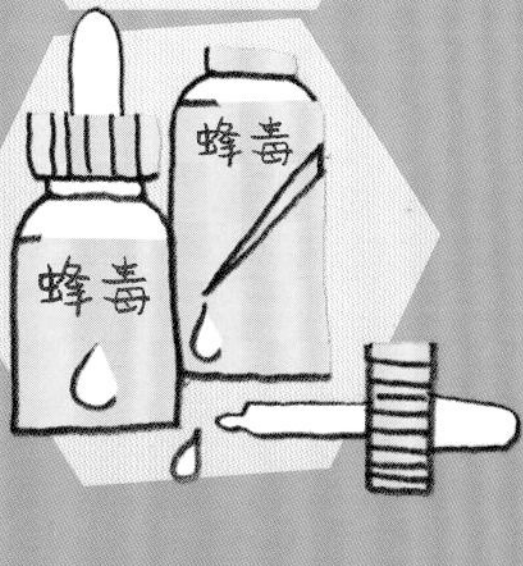

蜂毒疗法一定程度上可以治疗风湿病等疾病。这是很厉害的针刺疗法。

嗡嗡嗡

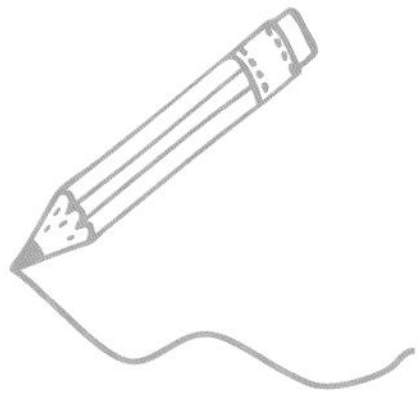

蜜蜂用它的触角来测量蜂房的尺寸。

蜂巢不仅超级轻，还超级坚固。

工程师们在制造航天飞机、汽车和滑雪板时都应用了蜂窝结构。

古埃及的法老把蜂蜜当作圣物。

蜂蜜被用来治疗伤口和疾病，还能用来制作糕点。最初，人们打猎是为了获取野生蜂蜜。

这是为了迷惑蜜蜂，在养蜂人工作时，白色可以防止他被蜜蜂叮咬。

游戏

偷蜂蜜的贼

是谁偷了蜂巢里的蜂蜜？冬天，当工蜂休息时，一些贪婪的动物偷走了蜂巢里贮藏的蜂蜜。每种动物偷东西的方式都不一样，不过它们的行动都被记录下来了，你能帮蜜蜂找到小偷吗？

记录

1

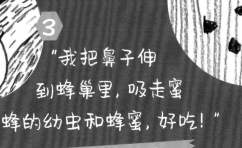

“嘭！嘭！我敲了两下蜂巢，又转了一圈，蜜蜂们都逃走了，蜂蜜归我啦！”

2

“我爱蜂蜡，我要小心地啃，太好吃了！”

3

“我把鼻子伸到蜂巢里，吸走蜜蜂的幼虫和蜂蜜，好吃！”

4

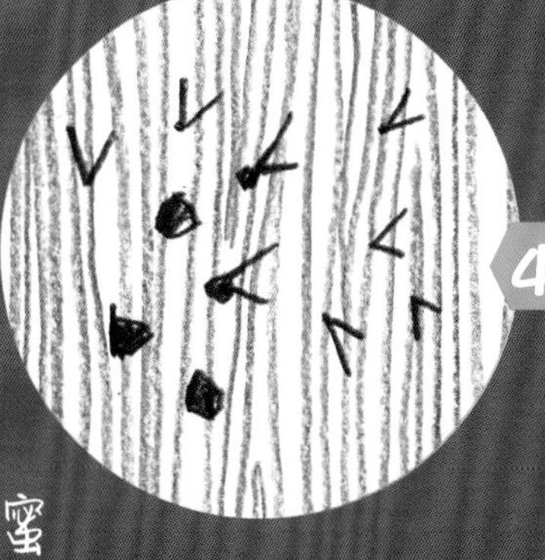

“笃、笃、笃、笃。我先啄破蜂巢的木头，然后就能享用美食啦！我很吵，所以蜜蜂很讨厌我！”

小偷分别都是谁呢？

啄木鸟

獾

老鼠

熊

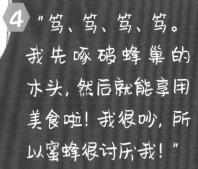

蜜蜂创造的纪录

制造1千克蜂蜜，蜜蜂需要采2000万朵花，飞行40000千米，相当于绕地球飞行一圈。

蜜蜂在1小时内可以采700朵花，太厉害了！

蜜蜂在蜂巢周围的3千米内觅食，相当于在给6000个足球场面积的花朵授粉！嗡嗡嗡……

蜂王每分钟至少能产1粒蜂卵，每天能产2000粒，这样每年能产13万粒蜂卵，一生就能产50万粒蜂卵。它就像一个产卵机！

为了保持健康，蜜蜂每天要吃5种不同的花粉。

画一画

请画出你认为的最美丽的蜜蜂

任务完成

游戏答案

偷蜂蜜的贼

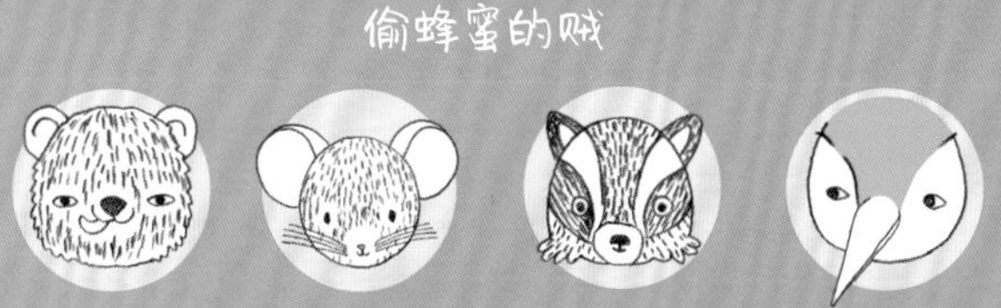

1. 熊　2. 老鼠　3. 獾　4. 啄木鸟

蜜蜂
太神奇了！
CIRE